哈洛新知
Hello Knowledge

知识就是力量

30秒探索
基因密码

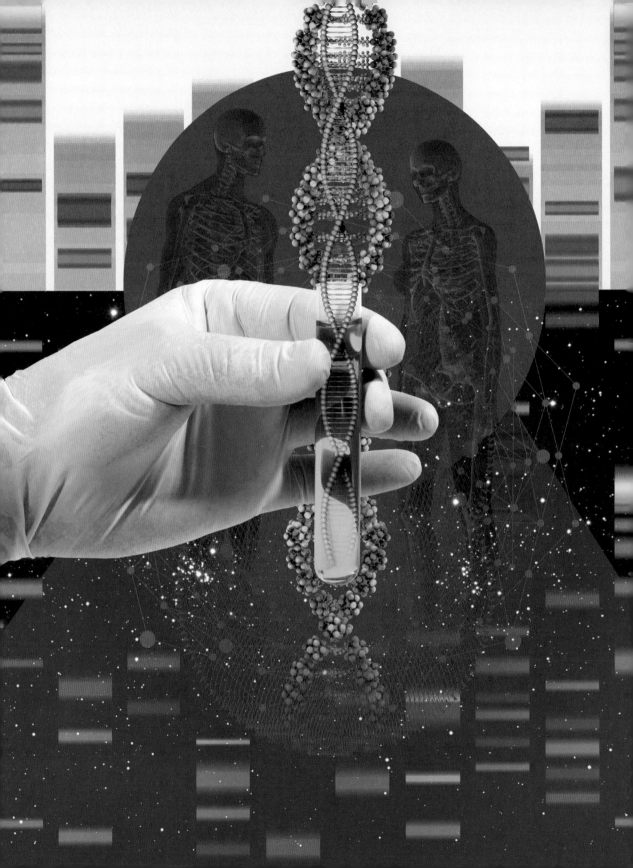

30秒探索
基因密码

遗传学领域50个重大发现
阅读每个解析仅需30秒

主编

乔纳森·韦茨曼

马修·韦茨曼

前言

罗德尼·罗思坦

参编

托马·布尔热龙

罗伯特·布鲁克

维尔日妮·库尔捷-奥尔格格索

阿兰·菲舍尔

伊迪丝·赫德

马克·桑德斯

赖纳·贝蒂亚

乔纳森·韦茨曼

马修·韦茨曼

插图绘制

史蒂夫·罗林斯

翻译

王绍祥　林臻

华中科技大学出版社
http://press.hust.edu.cn
中国·武汉

湖北省版权局著作权合同登记　图字：17-2022-008 号

图书在版编目（CIP）数据

30 秒探索基因密码 /（英）乔纳森·韦茨曼（Jonathan Weitzman），（英）马修·韦茨曼（Matthew Weitzman）主编；王绍祥，林臻译 . 一武汉：华中科技大学出版社，2023.2
（未来科学家）
ISBN 978-7-5680-8609-7

Ⅰ . ① 3… Ⅱ . ①乔… ②马… ③王… ④林… Ⅲ . ①基因－普及读物 Ⅳ . ① Q343.1-49

中国版本图书馆 CIP 数据核字（2022）第 155435 号

30 秒探索基因密码
30 Miao Tansuo Jiyin Mima

[英] 乔纳森·韦茨曼，[英] 马修·韦茨曼 / 主编
王绍祥，林臻 / 译

策划编辑：杨玉斌
责任编辑：张瑞芳　　　　　　　　　装帧设计：陈　露
责任校对：李　琴　　　　　　　　　责任监印：朱　玢

出版发行：华中科技大学出版社（中国·武汉）　　电话：（027）81321913
　　　　　武汉市东湖新技术开发区华工科技园　　邮编：430223

录　　排：华中科技大学惠友文印中心
印　　刷：中华商务联合印刷（广东）有限公司
开　　本：787 mm×960 mm　1/16
印　　张：10
字　　数：160 千字
版　　次：2023 年 2 月第 1 版第 1 次印刷
定　　价：88.00 元

目录

前言

罗德尼·罗思坦

　　地球上的生命形式由千千万万种组合构成，基因正是这些组合的基石。遗传学，即对基因的研究，涉及我们日常生活的许多方面——从我们体内细胞的复制到提取用于生殖的精子和卵子，再到种种对社会产生影响的复杂问题，如转基因生物的创造和基因治疗技术的应用等。不仅如此，现在的医生还开始根据基因数据对患者进行诊断和治疗。

　　对于一些人来说，"遗传学"一词会让他们联想到弗兰肯斯坦创造的怪物及《侏罗纪公园》中那令人毛骨悚然的画面。为了消解这些恐惧心理，科学家要以一种能够为大众所理解的方式将自己的发现和遗传学规律传递出去，这一点至关重要。显而易见，理解遗传学的内在原理有助于揭开这一重要科学领域的神秘面纱，同时也将深化公众对于潜在伦理问题的探讨。我的同事马修·韦茨曼（Matthew Weitzman）和乔纳森·韦茨曼（Jonathan Weitzman）是同卵双胞胎，他们收集了共计50个30秒小片段，其中浓缩了遗传学世界的核心内容。设计这些小片段是为了让读者领略该领域的发展历程：从孟德尔的遗传研究到发现DNA是遗传物质，再到当前的全基因组测序以及未来的基因诊断和基因治疗。

　　最后，我们不该畏惧遗传学。随着对基因间关系、基因与环境的相互作用了解得愈发深入，我们可以展望一个激动人心的新时代，届时我们的生活质量将会进一步提高。无论是生产更健康的食品、应用合成生物学促进药品及其他化合物的生产，还是通过精准医疗获得更强健的体魄，这些都将对我们的生活产生积极的影响。

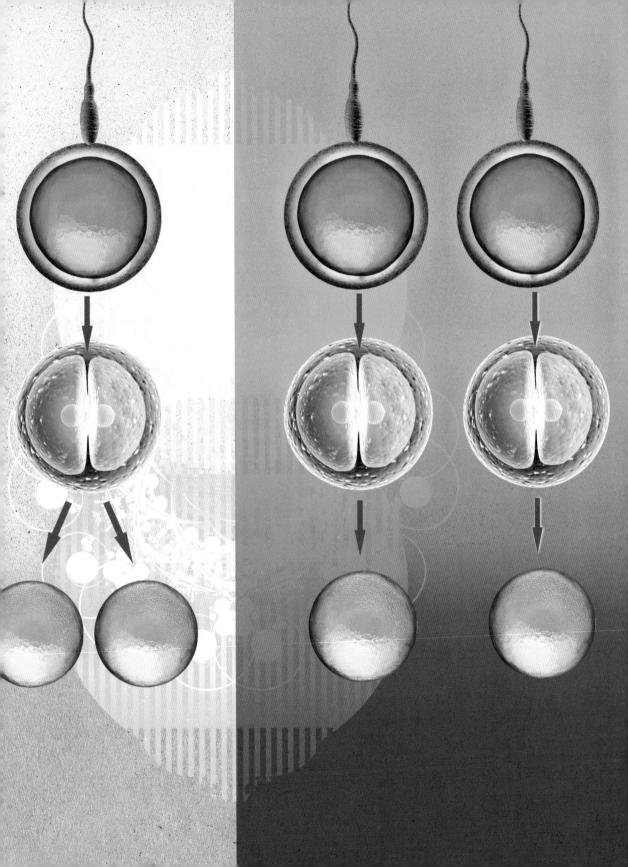

引言

马修·韦茨曼　乔纳森·韦茨曼

　　像遗传学这般引人遐想的学科寥寥无几。遗传学之所以吸引我们，或许是因为它解决了我们是谁以及是什么赋予了我们各自的身份等本质问题：我们为什么长得像父母？我们和兄弟姐妹或者街坊邻居的区别是怎么来的？我们将把什么遗传给下一代？这些问题自古有之，但一个世纪前诞生了一门科学，它提供了意想不到的视角，取得了出人意料的进展，也挑战着我们对于遗传的传统认知。

　　20世纪的遗传学发展史仿佛一次旋风式的过山车之旅，生物医学成就每每与伦理挑战相伴。经过细致入微的观察，格雷戈尔·孟德尔（Gregor Mendel）得以定义一些关于特征（或性状）遗传的基本定律。在世纪之交，他的成果重新进入公众视野，这为探索代际遗传物质、性状的决定因素奠定了基础。这门新兴科学需要用新的语言加以描述。1905年，在一封私人信件中，英国生物学家威廉·贝特森（William Bateson）创造了"遗传学"（genetics，源自希腊语"生育"一词）这一术语来描述这门新的遗传科学。一年后，他又在伦敦举行的第三届杂交与植物育种国际会议上公开提出该术语。此后不久，"基因"（gene）、"基因组"（genome）、"基因型"（genotype）和"表型"（phenotype）这些词语便诞生了。在这一领域，个性鲜明的人比比皆是，他们都热衷于揭开遗传的奥秘。他们取得了伟大的成就，如巧妙地破译遗传密码、发现DNA（脱氧核糖核酸）分子的双螺旋结构等。20世纪的尾声伴随着现代生物学中最激动人心的挑战之一：一场堪比人类登月的竞赛。一个规模宏大、雄心勃勃的项目吸引了来自全世界的遗传学家纷纷投身其中，其人数之多史无前例，那就是人类基因组计划（Human Genome Project，HGP）。其目标是揭秘构成人类基因组的30亿个碱基对——生命之书的序列！

　　现代遗传学深刻影响了生物学的各个领域。为应对挑战，新技术飞速出现，生物学领域的众多新成果随之产生。在动植物体内，DNA和基因的运作方式别无二致，正是这种认识为形形色色的实验模型系统打开了大门。有关单细胞细菌、普通面包酵母和低等果蝇的研究发现为揭示遗传学的基本规律提供了线索。事实上，DNA片段的功能可以通过将基因从一个生物体转移到另一个生物体测试出来。借助大自然历时数千年予以完善的"机器"（也就是酶），研究人员学会了对DNA分子进行测序、复制、合成以及设计。这一杰出成就为理解人类疾病带来了突破，点燃了新型基因药物的希望。但是它也带来了恐惧，激发了可怕的幻想。

遗传学仍然以令人惊叹的步伐前进。人类基因组正在接受成千上万次的测序；人们终于纠正了基因治疗的错误，挽救了生命；基因编辑达到了前所未有的精确水平。遗传学已经从一门充斥着抽象概念的深奥学科，演变为一系列将影响我们日常生活的技术。在本书中，我们将与读者分享面对这场奇幻冒险时的兴奋，并揭开隐藏在专业术语背后的遗传学的神秘面纱。"基因"和"DNA"这两个词在不经意间成了日常用语，但人们往往不明白二者的真正含义。在我们的身份问题上，解释清楚遗传学能说明什么、不能说明什么，无疑具有重要意义。那些用于复制、解释和保护我们基因组的分子和酶极为微小，但它们对社会的影响却举足轻重。通过编写《30秒探索基因密码》一书，我们希望日后在关于社会及子孙后代如何利用遗传学和遗传信息的讨论出现时，普通读者有能力参与其中。

本书框架

在本书中，来自全球的专家引导我们理解遗传学，内容由解读从基因到基因组的一系列现代遗传学术语、破译遗传密码一直延伸到人类基因组测序。专家在本书中解析了相关术语和概念，使我们既为自己原有的遗传学知识储备惊叹，又震惊于自己知之甚少。每节简明扼要地介绍一个主题。其中的主要段落均辅以3秒钟速览（快速概览，一两句话了解关键事实）。3分钟思考则使主题的内容更加充实，让主题愈发引人入胜。3秒钟人物介绍了与主题相关的科学家，不同小节对同一位科学家的介绍并非完全一致。每章还介绍了一名业内先驱——为我们理解现代遗传学做出贡献的重要人物。本书首先介绍了遗传学这门新学科的历史及基本概念。随后本书挖掘细节，先做出详尽的解释（对象包括染色体和细胞的作用及基因和基因组水平的遗传），再对新兴的表观遗传学领域（该领域研究在不改变生物体内DNA序列的情况下的遗传效应）进行探讨。在"健康与疾病"一章中，对分子运动的研究建立在与疾病相关的生理学和生理过程的基础之上。若撇开技术和实验方法的进步不谈，那么我们对于遗传学的讨论必然是不全面的。对于这些技术在不久的将来会如何影响医学的发展及我们的生活，本书在结尾做出了一些预测。

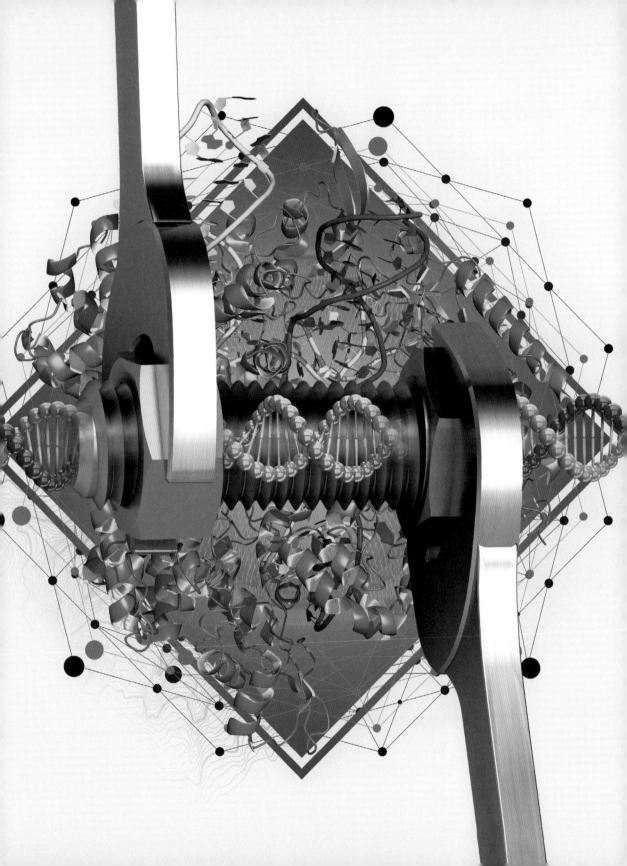

历史与概念 ◑

术语

等位基因 由DNA序列或基因突变导致的基因的替代变体。等位基因可以是隐性的，也可以是显性的，两个隐性等位基因才能决定生物性状，而一个显性等位基因就足以决定生物性状。

氨基酸 水溶性有机化合物，蛋白质的基本组成单位。人体内的氨基酸大约有20种，其中8种不能由人体合成，必须通过饮食摄入，被称为必需氨基酸。

染色体 携带基因和遗传信息的长串双链DNA。在真核细胞（有被核膜包被的细胞核）中，染色体位于细胞核内，由DNA、一些RNA（核糖核酸）和蛋白质组成。

密码子 遗传信息被编码于DNA三联体中，而该DNA则对信使RNA（mRNA）核苷酸三联体进行编码。一个密码子由信使RNA上相邻的三个核苷酸组成，每个密码子编码不同的氨基酸，用于制造相应的蛋白质。

双螺旋结构 DNA的双链结构。这两条DNA链就像相互缠绕的绳子一样。

DNA 一种长分子，携带遗传信息并传递遗传性状。DNA存在于所有原核生物和真核生物的细胞中。

配子 有性生殖过程中产生的特殊细胞。雄配子是精子，雌配子是卵子。

基因 位于染色体上的遗传单位。基因通常由DNA构成，但某些病毒的基因由RNA构成。特定基因控制特定的细胞过程，例如细胞分裂和细胞凋亡等。

基因组 生物体或细胞中的全套遗传物质。基因组学是对生物体基因组进行研究的一门学科，主要关注其进化、功能和结构。

基因座 基因在染色体上的位置。同一基因的不同等位基因占据同一基因座。

突变 DNA序列或基因结构的变化，可由DNA碱基的替换，部分基因或染色体的重排、缺失或增加引起。

核苷酸 核苷酸是DNA及RNA的基本组成单位，许多核苷酸聚合成核酸。碱基是核苷酸的组成物质之一。在DNA中有4种碱基[胸腺嘧啶（T）、胞嘧啶（C）、鸟嘌呤（G）和腺嘌呤（A）]，在RNA中也有4种[尿嘧啶（U）、C、G和A]。DNA中的碱基可以配对：A与T配对，C与G配对。

聚合物 由较简单的基本单位（单体）组成的长分子。DNA是由一串核苷酸组成的聚合物链。蛋白质是由一串氨基酸组成的聚合物链。蛋白质有时也被称为多肽链。

复制 DNA双链在细胞分裂前进行的复制过程，即从一个原始DNA分子产生两个新的相同DNA分子的过程。复制涉及一种称为DNA聚合酶的重要酶，它分别复制每条DNA链，从而完成DNA分子的准确互补复制。

RNA 一种存在于所有活细胞中的分子，对合成蛋白质和调节基因非常重要。RNA通常是通过复制一条DNA链产生的。信使RNA是由DNA的一条链作为模板转录而来的，包含制造蛋白质所需的信息。在一些病毒中，遗传信息的载体是RNA而不是DNA。

种 可以杂交并产生可育后代的生物群体。"种"是科学分类系统中的第八类，位于"属"之下。

转录 将DNA的遗传信息转移到RNA的过程。这是由一种称为RNA聚合酶的"机器"完成的，它以DNA为模板构建RNA聚合物。

翻译 利用信使RNA中的遗传信息制造蛋白质的过程。核糖体沿着信使RNA移动并读取信使RNA密码子，是合成蛋白质的"机器"。核糖体连接氨基酸，形成蛋白质链。

孟德尔遗传定律

30秒探索基因密码

孟德尔通过豌豆杂交实验发现了遗传定律。他将植株隔离繁殖了数代，以此使这些相互隔离的植株的后代具有各自的可见性状。之后，他将具有不同可见性状的植株杂交，例如将开紫色花的植株与开白色花的植株杂交。在第一代中，他只获得了开紫色花的植株。但在这些植株再次杂交后，他发现四分之一的新植株开白色花，四分之三的开紫色花。孟德尔对此的解释是，花色之所以不同是因为存在成对因子的传递，这些因子决定了可见性状。在第一代中，紫色花这一占主导地位的性状被认为是显性的（P），白色花则是隐性的（p）。对人类而言，蓝色眼睛是隐性的，棕色眼睛是显性的。孟德尔所说的因子现在被称为等位基因，这是DNA序列中具有特定性状的变体。从广义上讲，等位基因有显性和隐性之分。这些等位基因是一个基因座（locus，拉丁语，意为"位置"）的替代序列，很多情况下大致等同于一个基因。一个种群中可能存在两个以上的等位基因。

相关话题

另见
DNA携带遗传信息 第20页
染色体及核型 第38页

3秒钟人物
格雷戈尔·孟德尔
Gregor Mendel
1822—1884
来自摩拉维亚－西里西亚（Moravian-Silesian）的神父，发现了遗传定律。

雨果·德弗里斯
Hugo de Vries
1848—1935
荷兰植物学家，在19世纪90年代重新发现了孟德尔遗传定律。

本文作者
赖纳·贝蒂亚
Reiner Veitia

3秒钟速览
一个卵子和一个精子随机结合，由于每个基因都只携带一个等位基因，等位基因便会独立分裂。这就是孟德尔第一遗传定律。

3分钟思考
当具有不同性状的等位基因分离时，情况要复杂得多。当相关基因位于不同的染色体上，或者在同一染色体上但相距足够远时，它们会发生分裂，分裂后形成的不同性状的比例更为复杂。这是孟德尔第二遗传定律。以上两个定律一直为人们所忽视，直到19世纪末才进入公众视野。

两个隐性等位基因（pp）将导致生物体表达隐性性状，而两个显性等位基因（PP）或一个显性和一个隐性等位基因（Pp或pP）将导致生物体表达显性性状。

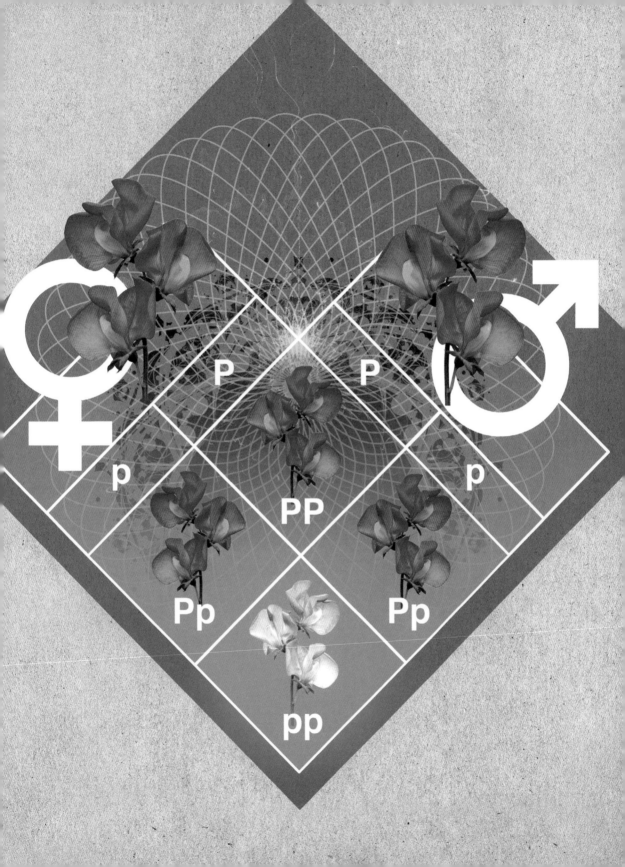

达尔文与《物种起源》

30秒探索基因密码

相关话题
另见
基因与环境　第78页

3分钟思考
和其他科学原理一样，进化论受新发现的事实的挑战，也因新发现的事实而完善。尽管达尔文理论的核心至今依然成立，但其中某些内容遭到了驳斥（例如，物种的多样性其实类似于一个网状结构，而不是达尔文所说的树状结构），而其他内容（如生命的起源）仍是神秘莫测。

我们从哪里来？为什么我们有四肢和眼睛？直到1859年，查尔斯·达尔文出版了《物种起源》这一划时代的科学巨著，人们才发现这些原来并不是科学界内的问题。达尔文的生命观如今被称为进化论。进化论指出，在一个群体中，个体间的一些不同性状可以遗传给下一代。适应环境能力越强的个体越有可能生存、繁殖并将可遗传性状传给后代。如此一来，为适应环境，种群会随着时间的推移而进化，最终导致新物种的出现。达尔文的观点既和我们直觉中认为人类与其他动物截然不同的想法矛盾，也和物种不会因时而变的观点相悖。他的书引发了哲学及宗教领域声势浩大的辩论，其中一些至今仍在继续。20世纪20年代到60年代，基因、遗传学和DNA的发现为达尔文的理论提供了新的证据支撑。由此催生的现代进化论，对于我们理解世界至关重要。

3秒钟人物
阿尔弗雷德·拉塞尔·华莱士
Alfred Russel Wallace
1823—1913
英国博物学家，与达尔文同时提出进化论。

T. 杜布赞斯基
T. Dobzhansky
1900—1975
俄裔美籍遗传学家，其名言"若无进化之光，生物学毫无道理"广为流传。

杰里·科因
Jerry Coyne
1949—
美国生物学家，在其著作和博客中积极宣传进化论。

本文作者
维尔日妮·库尔捷-奥尔格格索
Virginie Courtier-Orgogozo

达尔文的自然选择进化论是科学史上最具革命性的思想之一。

COLUMBA LIVIA OR ROCK-PIGEON.

| | | | GROUP III. | | | | | GROUP IV. |
| 4. | 5. | 6. | 7. | 8. | 9. | SUB-GROUPS. | 10. | 11. |

Persian
Tumbler

Lotan
Tumbler

Common
Tumbler

Java
Fantail

Turbit

Barb.   Fantail.   African   Short   Indian   Jacobin.
                     Owl.   faced   Frill-
                              Tumbler.   back.

English Frill-back.
Laugher.
Trumpeter.

Nun.
Spot.
Swallow.
Dove-cot pigeon.

DNA 携带遗传信息

30秒探索基因密码

3分钟思考

DNA及其结构的发现历程充满了不公。艾弗里、麦克劳德和麦卡蒂的成果当时几乎未被承认和接受。此处还有另一个广为人知的例证：著名的双螺旋模型是沃森和克里克根据罗莎琳德·富兰克林和莫里斯·威尔金斯获得的DNA结构图建立的。富兰克林于37岁与世长辞，而她的突出贡献直到近年来才得到认可。

DNA的发现可以追溯到弗里德里希·米歇尔的工作，他在19世纪80年代末从白细胞的细胞核中分离出一种被他称作"核素"的物质。这种物质由蛋白质和DNA组成。它原先的通用名"核酸"（nucleic acid）是理查德·阿尔特曼（Richard Altmann）创造的。后来，弗雷德里克·格里菲斯（Frederick Griffith）证明了从致病性细菌（病原菌）中提取的物质可以将非致病性细菌改变为致病形式。以格里菲斯的实验为基础，奥斯瓦尔德·艾弗里、科林·麦克劳德（Colin MacLeod）、麦克林恩·麦卡蒂（Maclyn McCarty）等进行了进一步实验。他们破坏了除肺炎细菌的DNA以外的一切物质。经过这种激进的处理，DNA仍然可以将非致病性细菌转化为致病性细菌。只有破坏DNA才能阻止这种转化，这表明携带遗传信息的是DNA。与此同时，菲巴斯·列文确定了DNA的成分：腺嘌呤、胞嘧啶、鸟嘌呤、胸腺嘧啶、糖分子和磷酸基团。所有这些发现为罗莎琳德·富兰克林、莫里斯·威尔金斯（Maurice Wilkins）、詹姆斯·沃森、弗朗西斯·克里克在20世纪50年代初破解DNA的化学结构铺平了道路。

相关话题

另见

3秒钟人物

弗里德里希·米歇尔
Friedrich Miescher
1844—1895
瑞士内科医生和生物学家，最早发现核素和核酸。

奥斯瓦尔德·艾弗里
Oswald Avery
1877—1955
加拿大裔美籍分子生物学家，证明了DNA是遗传物质。

菲巴斯·列文
Phoebus Levene
1869—1940
俄裔美籍生物化学家，确定了DNA的成分。

本文作者

赖纳·贝蒂亚

DNA的基本成分包括腺嘌呤、胞嘧啶、鸟嘌呤和胸腺嘧啶四种碱基。

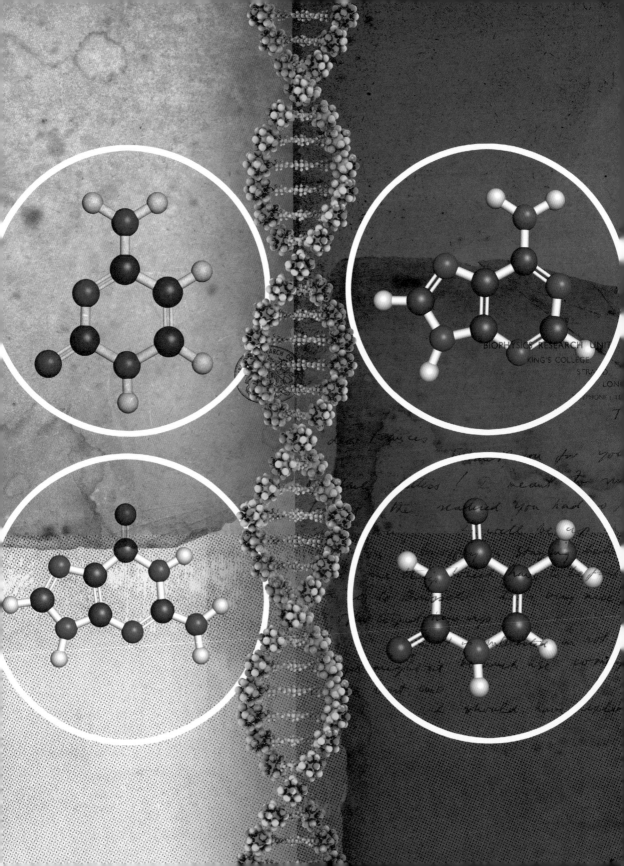

双螺旋结构

30秒探索基因密码

3秒钟速览
DNA分子结构的发现是遗传学和分子生物学研究的一个里程碑。

3分钟思考
1953年，弗朗西斯·克里克和詹姆斯·沃森共同在《自然》杂志上首次用"双螺旋"描述DNA分子的双链结构。呈线状的两条链以相反的方向连接成一个扭曲的螺旋结构。每条链上的碱基序列构成一个数字代码，携带着生命的指令。

DNA的功能取决于其结构。核苷酸是DNA的基本单位，包括脱氧核糖、磷酸和4种碱基：A、T、G和C。核苷酸相互连接，形成长链聚合物，每个碱基都与另一条链上的一个特定的碱基配对：A总是与T配对，C总是与G配对。这些碱基对是如何共同组成一个三维结构的？在20世纪50年代初，人们争相展开研究。为了解DNA的结构，罗莎琳德·富兰克林与伦敦国王学院的莫里斯·威尔金斯合作，用X射线穿透DNA分子的晶体。通过X射线衍射技术生成的图像表明DNA分子呈螺旋状。在剑桥大学卡文迪什实验室（Cavendish Laboratory）工作的詹姆斯·沃森和弗朗西斯·克里克看到了这个图像，意识到它为探究DNA的结构提供了一个关键线索。他们为DNA分子建立了一个化学模型，并于1953年首次提出DNA为双螺旋结构。对该结构的进一步研究揭示了碱基配对的机制，并解释了遗传信息如何在活细胞中存储和复制。

相关话题
另见
DNA携带遗传信息 第20页
中心法则 第28页
什么是基因 第56页

3秒钟人物
弗朗西斯·克里克
Francis Crick
1916—2004
英国生物物理学家，与詹姆斯·沃森共同发现了DNA的结构。

罗莎琳德·富兰克林
Rosalind Franklin
1920—1958
英国化学家，用X射线衍射技术生成了DNA分子的图像，这具有重大意义。

詹姆斯·沃森
James Watson
1928—
美国分子生物学家，DNA结构的发现者之一。

本文作者
马修·韦茨曼

沃森和克里克因发现DNA的双螺旋结构获得了1962年的诺贝尔生理学或医学奖。

Model Building.   - 2 chain helix.
              All residues trans.
   one residue in asymmetric unit.
1. models with both chains running in the

Fig 2

Francis Crick
Salk Institute

sugar —
sugar — base
sugar — base
sugar — base
sugar — base
base

Adenine   Thymine

Guanine   Cytosine

破译遗传密码

30秒探索基因密码

3秒钟速览
基因中的DNA信息存在于三联体密码中，其中DNA分子链上的3个字母编码产生蛋白质中的一个氨基酸。

3分钟思考
3个字母有64种可能的组合，因此一定存在冗余。例如，对应氨基酸丙氨酸的密码子有4种（GCU、GCG、GCA、GCG）。这意味着改变第三个字母并不会改变遗传密码。这被称为沉默突变（silent mutation）。研究人员用"简并"（degeneracy）一词来指代遗传密码中的这种冗余。

破解密码的加密规则是间谍和特工的职责，需要精明的头脑。科研人员也必须相当精明，才能弄明白DNA序列中被编码的信息之所以能转化为蛋白质中的一串氨基酸的原因。遗传密码为DNA信息转化为蛋白质信息提供了准则。所有生物体的密码都高度相似。由于DNA中有4种被称为碱基的"字母"（A、G、C和T），这些字母需要为20种氨基酸编码，显而易见，一次编码必须至少涉及3个字母。这就出现了64种可能的组合，但每种组合分别对应哪一种氨基酸呢？在20世纪60年代，科研人员进行了开创性的实验，证明每个氨基酸都有一个三联体密码（称为密码子）。在他们使用一个无细胞系统，并将一长串只有单个字母的RNA分子放入其中时，遗传密码得以成功破译。他们通过使用一种称为"多聚尿嘧啶核苷酸"的合成核苷酸链，推断出UUU是苯丙氨酸（phenylalanine）的密码子。在这之后，要做的就是继续探明其他字母组合对应的氨基酸。如今，由于拥有了涵盖64种组合的完整表格，每个学生都可以从DNA编码中预测蛋白质序列。

相关话题
另见
DNA携带遗传信息 第20页
中心法则 第28页
DNA测序 第126页

3秒钟人物
乔治·伽莫夫
George Gamow
1904—1968
俄裔美籍物理学家，提出遗传密码可能由DNA中的3个字母（碱基）组成的假说。

马歇尔·W.尼伦伯格
Marshall W. Nirenberg
1927—2010
美国生物化学家，他破解了第一个密码子，从而踏上了破译遗传密码之旅。

本文作者
乔纳森·韦茨曼

遗传密码包含制造蛋白质的信息。

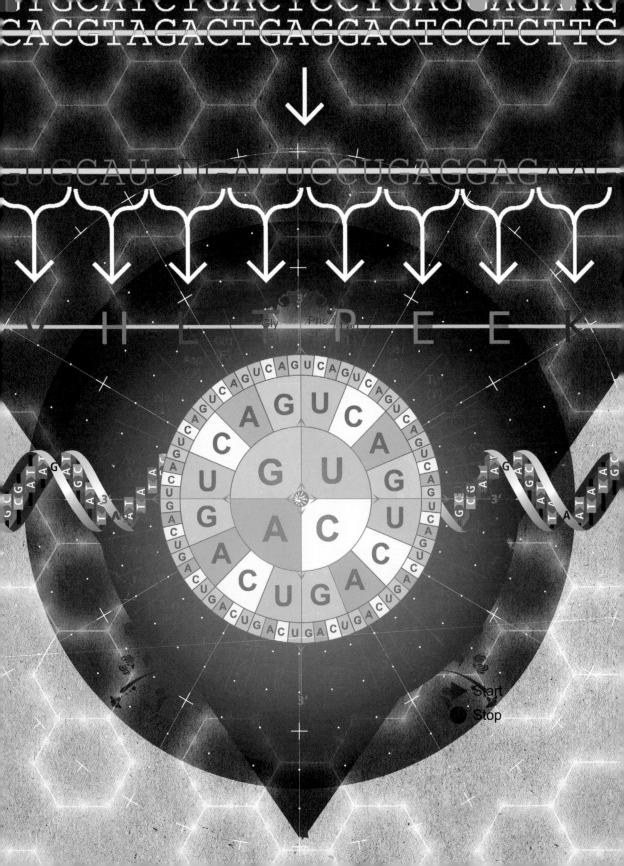

1920 年 7 月 25 日
出生于英国伦敦

1938 年
就读于剑桥大学纽纳姆学院

1946 年
获得剑桥大学物理化学博士学位

1946 年至 1950 年
在晶体学家雅克·梅林
（Jacques Mering）位于巴黎的实验室学习 X 射线衍射法

1951 年至 1953 年
在伦敦国王学院约翰·兰德尔实验室工作，拍摄了 DNA 的 X 射线照片

1952 年
她的学生雷蒙德·戈斯林
（Raymond Gosling）拍摄了具有里程碑意义的 DNA 的"51 号照片"

1953 年
《自然》杂志 4 月刊发表了 3 篇关于 DNA 结构的论文，分别来自富兰克林的团队、威尔金斯的团队以及沃森和克里克

1954 年至 1956 年
进行烟草花叶病毒和脊髓灰质炎病毒研究

1958 年 4 月 16 日
因患卵巢癌与世长辞

1962 年
克里克、沃森和威尔金斯共同获得诺贝尔生理学或医学奖

2003 年
英国皇家学会设立了罗莎琳德·富兰克林奖，以表彰对科学、工程或技术领域做出杰出贡献的人

罗莎琳德·富兰克林

ROSALIND FRANKLIN

1920年，罗莎琳德·富兰克林出生于伦敦诺丁山一个富裕的犹太家庭。她理科成绩优异，就读于圣保罗女子学校，这是伦敦为数不多的教授化学和物理的女子学校之一。15岁时，她不顾父亲反对，决意要成为一名科学家。之后她进入剑桥大学纽纳姆学院学习，于1941年毕业并获得化学学士学位，后来又获得该大学的物理化学博士学位。

DNA结构的发现或许是分子生物学领域最伟大的成就，富兰克林在其中发挥了关键作用。富兰克林是一名业内行家，一生不断进取，饱受争议。詹姆斯·沃森在《双螺旋》（*The Double Helix*）一书中讲述了她的故事，而本书与安妮·塞尔（Anne Sayre）的书《罗莎琳德·富兰克林与DNA》（*Rosalind Franklin and DNA*）和布伦达·马多克斯（Brenda Maddox）的传记《罗莎琳德·富兰克林：隐于幕后的DNA之母》（*Rosalind Franklin: The Dark Lady of DNA*）的叙述方式则截然不同。

1946年秋，富兰克林被任命到巴黎国家中央化学实验室工作，她向晶体学家雅克·梅林学习了X射线衍射法。1951年，她作为伦敦国王学院约翰·兰德尔实验室的研究助理回到英国，利用X射线衍射法拍摄了DNA分子的照片。

莫里斯·威尔金斯也在约翰·兰德尔实验室工作。他给分子生物学家詹姆斯·沃森看了富兰克林拍摄的一张DNA晶体照片。沃森和他的同事弗朗西斯·克里克在富兰克林不知情的情况下看到了她的数据，并用它来解析DNA的结构。沃森坦率地写道："当然，富兰克林并没有直接把她的数据提供给我们。如此说来，伦敦国王学院没有人知道我们掌握了这些数据。"1953年，当沃森和克里克将他们的发现发表在《自然》杂志上时，他们使用的是富兰克林的照片。富兰克林的照片被称为"有史以来最美的X射线照片"。

离开伦敦国王学院后，富兰克林集中精力研究病毒，包括烟草花叶病毒和脊髓灰质炎病毒。1956年夏天，富兰克林患上了卵巢癌。不到2年后，她在伦敦切尔西去世，年仅37岁。她去世4年后，詹姆斯·沃森、弗朗西斯·克里克和莫里斯·威尔金斯被授予诺贝尔生理学或医学奖。由于该奖不可授予已逝者，富兰克林没有获得与自身贡献匹配的荣誉。最近，以富兰克林命名的奖项和建筑增多，这位被遗忘的遗传学女英雄的地位得以恢复。

罗伯特·布鲁克
Robert Brooker

中心法则

30秒探索基因密码

分子生物学的"中心法则"描述了信息从DNA到RNA再到蛋白质的传递过程。为了解释信息从一个聚合物分子转移到另一个聚合物分子的过程遵循了某种确定的顺序，弗朗西斯·克里克首先提出了中心法则。通过这种传递方式，有序的序列信息得以如实保留。复制指复制DNA的过程，其中来自母链DNA的信息被转移到子链DNA。转录指将来自DNA的信息转移到信使RNA的过程。翻译指以信使RNA序列为模板合成蛋白质的过程。这些新合成的多肽链随后被加工、折叠和修饰，形成功能性蛋白质。中心法则指出，序列信息的传递是具有方向性的，信息既不能在蛋白质间传递，也不能从蛋白质传递回核酸。通过对病毒进行研究，人们发现RNA可以直接复制新的RNA，RNA可以逆转录成DNA，但没有证据表明信息可以从蛋白质可逆地传递到DNA中。

相关话题
另见
DNA携带遗传信息 第20页
破译遗传密码 第24页
非编码RNA 第90页

3秒钟速览
分子生物学的中心法则描述了遗传信息的传递过程：DNA中具有生成RNA的信息，而RNA中具有生成蛋白质的信息。

3分钟思考
中心法则描述了遗传信息从核酸到蛋白质的可靠传递过程。DNA信息可以通过转录被复制到信使RNA中。在翻译过程中，蛋白质是以信使RNA中的信息为模板而合成的。如今我们知道，在DNA和RNA中，许多信息并不用于制造蛋白质，而是用于调节基因组功能。

3秒钟人物
弗朗西斯·克里克
Francis Crick
1916—2004
英国生物物理学家，与詹姆斯·沃森共同发现了DNA的结构。他创造了"中心法则"一词来概括遗传信息从DNA到RNA再到蛋白质的传递过程。

霍华德·特明
Howard Temin
1934—1994
美国病毒学家，发现了逆转录酶，即把病毒形态的RNA变成前病毒形态的DNA的酶。

本文作者
马修·韦茨曼

遗传信息从DNA传递到RNA，再从RNA传递到蛋白质。

人类基因组计划

30秒探索基因密码

人类基因组计划或许是生物学家们有史以来进行的最大的合作项目，其规模相当于生物学领域的阿波罗载人登月计划。基因组指细胞内所有遗传物质的总和。世界各地的研究中心联手绘制基因图谱，以了解人类的所有基因。经过20世纪80年代的大量争论，美国国立卫生研究院（National Institutes of Health，NIH）于1990年主导启动了人类基因组计划，并预计该计划将持续至少15年。该计划首先绘制了23条人类染色体的图谱。随后，世界各地的研究中心对人类DNA进行了有序测序。1996年，该计划的领导人提出了"百慕大原则"（Bermuda Principles），鼓励各方共享所有遗传信息。随着DNA测序技术的效率和速度的快速提升，该项目得以加速推进。1998年，当美国私营公司塞莱拉基因组（Celera Genomics）公司也开始对人类基因组进行测序时，人类基因组测序成了一场比赛。2001年，政府和私人部门共同发布了人类基因组序列的第一份草图。2003年发布的人类基因组完整序列显示，在一个由30亿个碱基对构成的基因组中，大约包含2万个基因。

相关话题

另见

什么是基因 第56页

基因图谱 第124页

DNA测序 第126页

3秒钟速览

人类基因组计划对人类所有的DNA碱基对进行测序，结果人人都可以免费使用。

3分钟思考

第一个人类基因组测序结果的产生历时13年，涉及世界各地数千名研究人员，耗资数十亿美元。DNA测序技术的速度和准确性在不断提高，所需的成本和时间也不断减少。如今，完成人类基因组测序只需数小时，成本不到1000美元。

3秒钟人物

詹姆斯·沃森

James Watson

1928—

美国分子生物学家，DNA螺旋结构的共同发现者，第一个对个人全基因组进行测序的人。

J. 克雷格·文特尔

J. Craig Venter

1946—

美国生物技术学家，创建了塞莱拉基因组公司，该公司完成了人类基因组测序。

弗朗西斯·柯林斯

Francis Collins

1950—

美国遗传学家，曾主持美国国立卫生研究院主导启动的人类基因组计划。

本文作者

乔纳森·韦茨曼

人类基因组计划是有史以来规模最大的生物学项目之一。

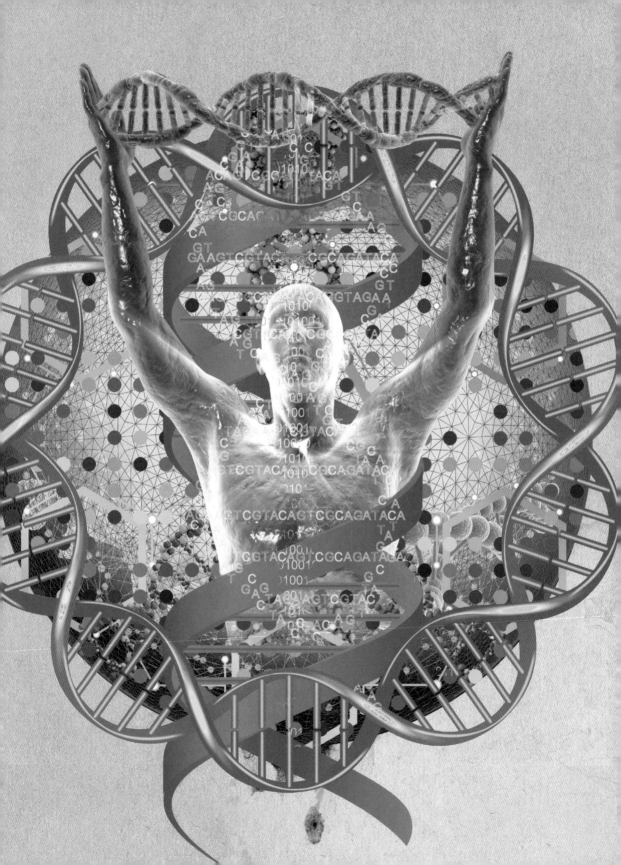

染色体与细胞

术语

等位基因 由DNA序列或基因突变导致的基因的替代变体。等位基因可以是隐性的，也可以是显性的，两个隐性等位基因才能决定生物性状，而一个显性等位基因就足以决定生物性状。

三磷酸腺苷（ATP） 一种由腺嘌呤、核糖和三个磷酸基团组成的小分子化合物，其主要功能是为细胞输送和储存能量。

着丝粒 将细胞进行有丝分裂后形成的染色单体结合在一起的染色体浓缩区域。正因为着丝粒将着丝点集合起来，染色体才能够分离成两个子细胞。

检查点蛋白 监测和控制真核细胞在细胞周期中的发展变化的一组蛋白质。检查点蛋白会在细胞周期中的几个关键节点上确保细胞满足进入下一个阶段的条件。它们的行为就好比细胞分裂前的精确质量控制评估。

染色单体 细胞分裂前进行DNA复制时产生的染色体拷贝。一对染色单体（称为姐妹染色单体）由着丝粒连接。

染色质 真核细胞中沿着DNA形成的复合体。染色质中有组蛋白和非组蛋白，其结构在调节基因表达中起关键作用。

胞质分裂 亲代细胞的细胞质分裂后分配到两个子细胞中的现象，不同于细胞核的分裂（有丝分裂或减数分裂）。

细胞质 细胞膜之内的物质的总称。在真核细胞中，细胞质是细胞膜以内、细胞核以外的全部物质。

真核生物 由一个或多个细胞组成的生物体，有明显的细胞核和细胞质。没有细胞核的生物被称为原核生物，比如细菌。

组蛋白 真核细胞中与DNA相关的小分子蛋白质家族，许多都聚集在被称为核小体的蛋白质球中。组蛋白对DNA进行包装，有助于组织基因组并控制基因表达。

动粒 在有丝分裂期间聚集在着丝粒上的蛋白质复合体。动粒在染色体和微管之间建立了联系，从而使染色体可以被拉向分裂细胞的两极。

线粒体 真核细胞细胞质中的细胞器，以三磷酸腺苷的形式产生细胞的大部分化学能，因此被称为"细胞的动力车间"。线粒体由双层膜结合而成，并带有各自的基因组，称为线粒体DNA（mtDNA）。线粒体功能失调或线粒体DNA突变可导致严重的代谢性疾病，统称为线粒体病。

有丝分裂和减数分裂 真核细胞进行细胞分裂的形式。有丝分裂包括将DNA浓缩成可见的染色体，并将细胞核分裂成2个拥有和母细胞同等数量DNA和染色体的子细胞。减数分裂包括两轮核分裂，产生4个子细胞，每个子细胞含有母细胞一半的DNA。减数分裂产生卵子和精子。

核基质 细胞核内的纤维网络，能组织细胞内的遗传信息。

核孔 跨越核膜的蛋白质复合体。脊椎动物细胞的细胞核中的核孔或可多达2000个。它们提供了分子进出细胞核的通道。

细胞器 细胞内具备特定功能的亚结构。真核细胞内的细胞器包括为细胞提供能量的线粒体和在植物细胞中进行光合作用的叶绿体。

端粒保护蛋白 保护染色体末端的端粒免受DNA修复机制影响的蛋白质复合物。在缺乏端粒保护蛋白的情况下，未受保护的端粒在细胞看来可能就像断裂的DNA，为了修复它，细胞会不计后果。

端粒 染色体末端的特殊结构。在真核生物中，端粒酶的存在让端粒不会因细胞分裂而有所损耗。

细胞核

30秒探索基因密码

细胞核就像真核细胞的大脑（或总部）：它储存信息，接收外部信息并做出恰当的反应。细胞核是细胞内的一个"隔间"，包含染色体，被一层叫作"核膜"的双层膜包被。核孔为化学物质进出细胞核提供了通道。在大多数人类细胞中，细胞核内含46条染色体，这些染色体由DNA和蛋白质组成，二者将染色体紧密地结合在一起，以便染色体能在细胞核内排列。细胞核的主要功能是保护、组织、复制和表达遗传物质。细胞核需要处理从细胞的其他部分接收到的信息，还能改变细胞的结构和功能。例如，如果细胞周围有着丰富的营养物质，细胞核就会接收到信号，并激活消化营养物质所需的基因。细胞核是细胞的控制中心，储存着维持细胞正常结构和功能所需的一切信息。

细胞核储存遗传信息并控制细胞的功能。

染色体及核型

30秒探索基因密码

3秒钟速览
染色体内含有高度浓缩的生物体DNA。每个生物体中的全套染色体被称为核型。

3分钟思考
染色体实际上是一种"被着色的物体"。人们在首次描述DNA之前，染色体（作为对特定着色剂起反应的物体）已经被发现。浓缩形式的染色体很容易被着色。染色实验创造了显带模式图，使每条染色体都能被识别出来，从而使人类绘制出一种叫作核型模式图的图表。通过观察核型可以很容易地检测出人体中诸如染色体倒位（一段染色体两端颠倒）之类的改变。

染色体是携带细胞遗传物质的微型颗粒。细菌的染色体通常由一条环状的双链DNA分子和蛋白质组成。在具有多条染色体的更为复杂的生物体（例如我们人类）中，DNA与一种被称为组蛋白的蛋白质凝聚在一起。DNA、组蛋白和其他蛋白质构成了染色质。在真核细胞，比如人类细胞中，染色体位于细胞核内。人类细胞中含有23对染色体，每个细胞内的DNA长约2米。在这些染色体中，有22对被称为常染色体或同源染色体。它们彼此相似，可作为遗传信息的备份。剩下的1对包括一条X染色体和一条Y染色体，称为性染色体，因为它们决定了个体的性别。全套染色体被称为核型，在细胞分裂过程中，当DNA复制发生时，关于核型的研究便得以进行。此时，每条染色体都带有两个浓缩的遗传物质拷贝，称为染色单体。在细胞分裂过程中，母细胞将每条染色体的两条染色单体传递给两个子细胞。若该过程未能顺利进行，染色体数量将出现异常，这种情况常见于癌细胞中。

相关主题
另见
染色质和组蛋白 第86页
基因图谱 第124页

3秒钟人物
卡尔·冯·内格里
Karl von Nägeli
1817—1891
瑞士植物学家，据说他是第一个观察到染色体的人。

海因里希·冯·瓦尔代尔-哈尔茨
Heinrich von Waldeyer-Hartz
1836—1921
德国解剖学家，创造了"染色体"一词。

瓦尔特·弗勒明
Walther Flemming
1843—1905
德国生物学家，创立了细胞遗传学。

本文作者
赖纳·贝蒂亚

染色体位于细胞核内，由浓缩的 DNA 和蛋白质组成。

线粒体

30秒探索基因密码

3秒钟速览
线粒体有自己的染色体和基因。线粒体DNA编码的蛋白质和来自细胞核的蛋白质共同合成了细胞中能够产生能量的化合物三磷酸腺苷。

3分钟思考
线粒体基因突变会损害三磷酸腺苷的产生，还会引起多种遗传病。线粒体病之所以被归为"非孟德尔遗传病"，原因有二。首先，这种疾病完全是母系遗传的——它只能由母亲传给孩子。其次，孟德尔遗传病仅涉及基因的一个或两个拷贝的突变，而线粒体病通常在细胞中存在大量基因突变拷贝后才会出现。

在人类细胞核内，46条染色体携带超过2万个基因，即所谓的"核基因"。但这些并不是人类细胞中的全部基因。在细胞核外，动植物细胞含有数十种称为线粒体的细胞器，每个细胞器都含有各自基因组的多个拷贝。线粒体DNA对不同生物体中数量各异的基因进行编码。人类线粒体DNA上有37个基因，其中13个能够编码蛋白质。人类线粒体DNA编码的蛋白质与来自核基因的蛋白质合作，产生可提供能量的化合物三磷酸腺苷。精子在受精过程中不会贡献线粒体——线粒体DNA的传递仅依靠母亲进行。数百万年前，线粒体的祖先是独立生活的单细胞生物，当时它们可能入侵了动植物细胞。在成功入侵后，这些入侵者及其宿主细胞慢慢发展为了共生关系，于是这些入侵者成了动植物细胞生存不可或缺的一部分。

相关主题
另见
细胞核 第36页
细胞分裂 第50页
显性遗传病和隐性遗传病
　第104页

3秒钟人物
理查德·阿尔特曼
Richard Altmann
1852—1900
德国病理学家，首先发现了线粒体，并提出它们具有细胞功能。

尤金·肯尼迪
Eugene Kennedy
1919—2011

艾伯特·莱宁格
Albert Lehninger
1917—1986
美国生物化学家，共同发现了在线粒体中产生三磷酸腺苷的过程。

本文作者
马克·桑德斯
Mark Sanders

线粒体位于细胞核外，但也拥有自己的基因组。

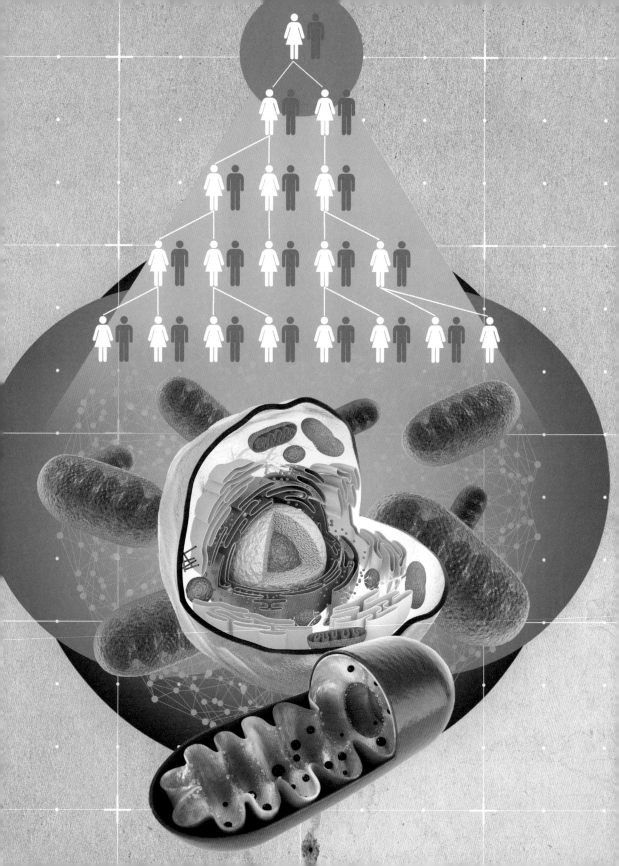

人类Y染色体

30秒探索基因密码

对许多动植物而言，性别是由基因决定的。例如，在大多数生物体中，两条X染色体会推动雌性动物或植物的发育。相比之下，男性有一条X染色体和一条Y染色体。Y染色体存在于哺乳动物、植物和许多其他生物体内，例如昆虫。X染色体通常较大，携带大量基因，而Y染色体较小，携带的基因很少。尽管动植物中的Y染色体并非来自共同的祖先，但它们进化的逻辑是相同的。X染色体和Y染色体原本是一对相同的染色体，经历了由Y染色体上的雄性性别决定基因引发的分化。一旦Y染色体出现，其他对雄性繁殖具有重要作用的等位基因就会在性别决定区域周围不断聚集。随后，染色体重排阻止了祖先的X染色体和Y染色体之间的遗传物质的交换。这个过程加速了Y染色体的进化，Y染色体失去了大部分基因，似乎有消失的风险。数百万年来，Y染色体始终是父亲传给儿子的基因财富。

相关主题

另见

X染色体失活 第84页

性别 第98页

3秒钟人物

克拉伦斯·麦克朗

Clarence McClung

1870—1946

美国生物学家，发现了性染色体在性别决定中的作用。

本文作者

赖纳·贝蒂亚

3秒钟速览

X染色体和Y染色体起源于一对标准染色体，这对染色体经历了由Y染色体上的雄性性别决定基因引发的分化。

3分钟思考

Y染色体一直在缓慢退化。它在进化过程中失去了数千个原始基因。然而，Y染色体上大多数必需的基因都储存在几个备份副本中。由于人类和黑猩猩在进化过程中的分化，人类Y染色体的基因并没有丢失。也就是说，Y染色体将在今后的数百万年间继续讲述男性血统的故事。

你生而为男性（XY）或女性（XX）的概率都是50%。Y染色体决定性别，但不包含为重要功能编码的基因——这些基因位于X染色体上。

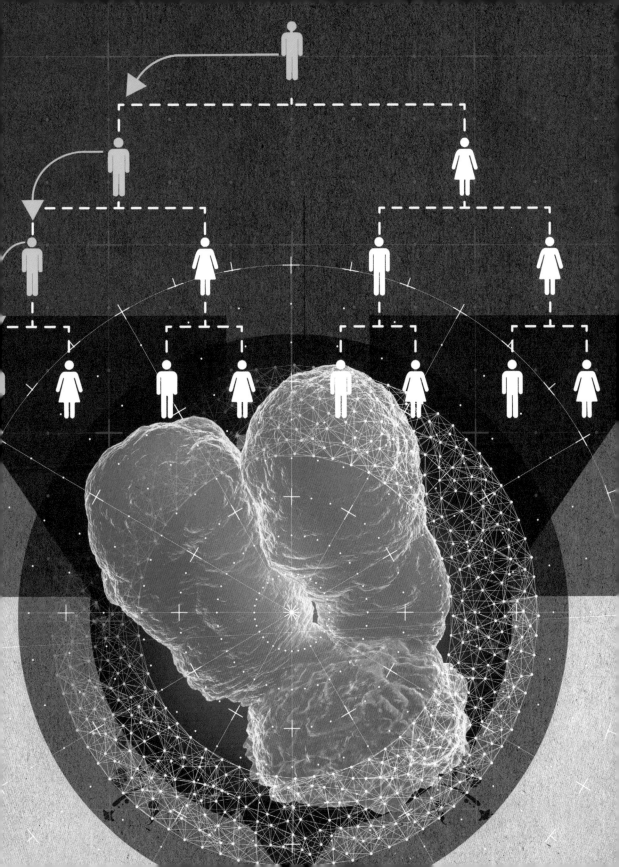

1866 年 9 月 25 日
出生于美国肯塔基州列克星敦

1886 年
获肯塔基州立大学理学学士学位

1890 年
获约翰斯·霍普金斯大学博士学位

1891 年至 1904 年
任布林莫尔学院（Bryn Mawr College）教授

1904 年至 1928 年
任哥伦比亚大学实验动物学教授

1909 年
着手进行对黑腹果蝇的开创性研究

1911 年
在哥伦比亚大学建立果蝇实验室

1915 年
出版《孟德尔遗传学原理》（The Mechanism of Mendelian Heredity）一书

1919 年
当选为英国皇家学会外籍会员

1922 年
在英国皇家学会做克鲁尼安讲座

1928 年至 1941 年
任加州理工学院帕萨迪纳分校教授

1933 年
获得诺贝尔生理学或医学奖

托马斯·亨特·摩尔根

THOMAS HUNT MORGAN

托马斯·亨特·摩尔根开创性地利用果蝇作为模式生物来确定染色体在遗传中的关键作用。1866年，摩尔根出生于美国肯塔基州列克星敦，家族显赫：他是南部邦联将军约翰·亨特·摩尔根（John Hunt Morgan）的侄子，也是美国国歌《星条旗》（*The Star-Spangled Banner*）词作者弗朗西斯·斯科特·基（Francis Scott Key）的曾孙。

摩尔根从小就对自然和自然史表现出浓厚的兴趣，童年时期，鸟蛋和化石都是他的收藏品。他16岁上大学，在肯塔基州立大学获得学士学位，在约翰斯·霍普金斯大学获得博士学位。

从1891年到1904年，摩尔根在布林莫尔学院担任教授，那是一所位于费城附近的女子大学，摩尔根在那儿教授生物学和自然科学。1904年，他开始任职于哥伦比亚大学，在此期间，建立了果蝇实验室来观察该物种是如何随时间变化的。摩尔根的主要工作是以果蝇为模式生物来研究遗传学。

摩尔根通过开展研究，证实了染色体遗传理论，这项研究影响力巨大，也是他最负盛名的研究。在准备阶段，摩尔根让他的一名学生在黑暗中饲养果蝇，希望能培育出因长期不使用眼睛而导致视力消失的果蝇后代。尽管多次尝试用镭等药剂和X射线诱导突变，但在连续几代之后，果蝇看起来并没有明显变化。

实验进行2年后，一个有趣的实验结果终于出现了，摩尔根通过纯系育种培育出一只不同于正常红眼果蝇的白眼雄性果蝇。据说摩尔根把这只果蝇装在罐子里带回了家，晚上睡觉时把它放在床边，白天又把它带回实验室。正是这只白眼果蝇让他确认了影响果蝇眼睛颜色的基因位于X染色体上。摩尔根得出结论，红眼和X染色体（一种性别决定因子，在女性身上存在2条X染色体）始终是联系在一起的。

1928年，他离开哥伦比亚大学，成为加州理工学院帕萨迪纳分校的生物学教授。他建立了生物系，该系培养出了不少于7位诺贝尔奖获得者。1933年，他成为第一位获得诺贝尔奖的遗传学家。此后，他一直在加州理工学院帕萨迪纳分校工作，直到1945年离世，享年79岁。

罗伯特·布鲁克

着丝粒和端粒

30秒探索基因密码

当我们体内的细胞分裂时，染色体需要进行自我复制，由此产生的成对的染色单体由一种称为着丝粒的结构连接，着丝粒会组装一个复杂的"马达"，在细胞分裂过程中分离染色体。一种叫作动粒的蛋白质复合体附着在着丝粒上，在细胞分裂过程中帮助着丝粒将染色单体拉到细胞的远侧端。通过这种方式，染色单体最终形成独立的子细胞。当一条染色体被复制时，用于复制DNA的酶无法继续延伸到染色体末端（染色体末端的特殊结构称为端粒）。这就对细胞提出了挑战，即如何复制完整的染色体又不失去末端部分。这可以通过端粒酶加以解决，端粒酶可催化端粒中DNA重复序列的合成，将受损的端粒填补完整，进而防止染色体退化。端粒和端粒酶对人类健康有着重要作用。端粒缩短与老年疾病息息相关。端粒功能障碍或缩短可导致基因组不稳定，二者常见于肿瘤形成过程中。端粒酶可以延长细胞的寿命，癌细胞中的端粒酶较多。

3秒钟速览
每条染色体都有一个称为着丝粒的收缩点，它在细胞分裂过程中有助于分离染色单体。每条染色体都有端粒，它可以防止染色体末端退化。

3分钟思考
当细胞分裂时，子细胞拥有与母细胞相同数量的完整染色体是很重要的。两种染色体结构——末端的端粒和内部的着丝粒有助于实现这一点。端粒可防止染色体末端重要遗传物质的丢失，着丝粒则使复制后的染色体子链分离成子细胞。

相关话题
另见
染色体及核型 第38页
细胞分裂 第50页
DNA损伤与修复 第70页

3秒钟人物
伊丽莎白·布莱克本
Elizabeth Blackburn
1948—
生于澳大利亚的生物学家，发现端粒具有特定的DNA序列。

杰克·绍斯塔克
Jack Szostak
1952—
生于英国的生物学家，他和布莱克本一起证明了端粒可以保护染色体末端免受破坏。

卡罗尔·格雷德
Carol Greider
1961—
美国生物学家，与布莱克本一起发现了端粒酶。

本文作者
马修·韦茨曼

染色体的中心称为着丝粒，末端称为端粒。

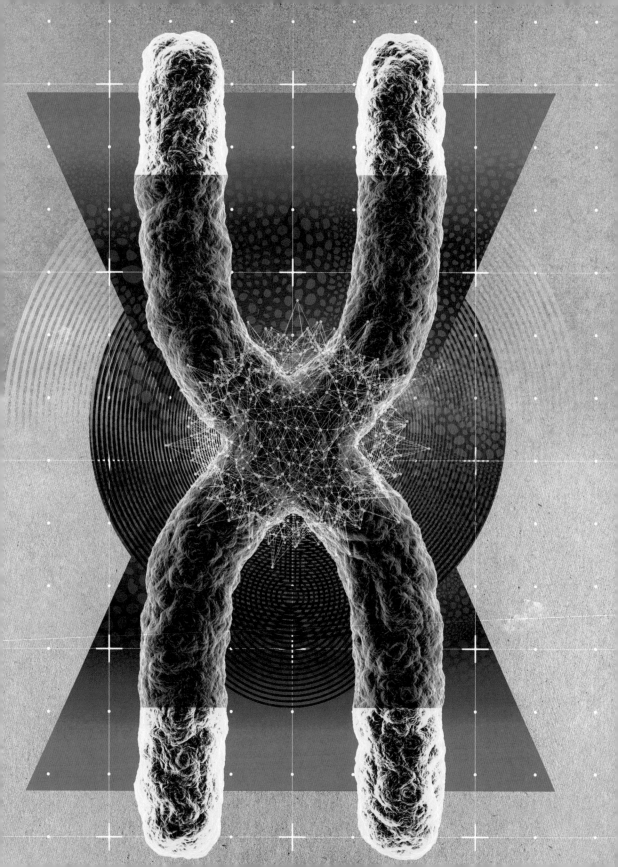

细胞周期

30秒探索基因密码

3秒钟速览

细胞周期包括细胞生长、DNA复制，以及细胞分裂，最终产生两个子细胞等阶段。

3分钟思考

细胞周期的进程受到高度调控，以确保所有染色体完好无损，且细胞分裂的条件充分具备。检查点蛋白会延迟细胞周期，直到查明并修复一切问题。如果问题无法解决，则细胞分裂终止。如果检查点蛋白发生突变，质量控制就会存在缺陷，细胞周期可能导致不良的基因突变，从而引发其他的突变，甚至导致癌症。

成人的身体中含有几十万亿个细胞，这个数字几乎称得上不可思议。更令人惊奇的是这些细胞生成过程的准确性。实际上，除了少数罕见的发生突变的细胞外，你身体中的每个细胞都含有DNA序列基本相同的染色体。细胞周期是母细胞分裂产生两个子细胞的过程。对于所有物种而言，这都是一个受到高度调控的过程，因为它必须确保细胞分裂的时机恰到好处，并且没有任何纰漏。细胞周期包括细胞生长、DNA复制，以及细胞分裂，最终产生两个子细胞等阶段。它分为四个阶段：G1期、S期、G2期和M期。在G1期，细胞决定分裂，这取决于适当的信号因子、生长激素和足够的营养素供应。在S期，细胞复制其所有遗传物质并合成DNA。在G2期，细胞为分裂做好准备。在最后的M期，细胞核分裂，经过一个称为胞质分裂的过程，两个子细胞得以分离。

相关话题

另见

细胞核 第36页
细胞分裂 第50页
癌症的遗传学 第112页

3秒钟人物

利兰 · 哈特韦尔
Leland Hartwell
1939—

美国生物学家，酵母遗传学的奠基人，确定了检查点在控制细胞周期中的重要作用。

保罗 · 马克西姆 · 纳斯
Paul Maxime Nurse
1949—

英国遗传学家，诺贝尔奖获得者，确定了细胞周期从一个阶段过渡到下一个阶段的关键蛋白质。

本文作者

罗伯特 · 布鲁克

细胞周期分为四个阶段，如右图中橙色（G1）、绿色（S）、蓝色（G2）和紫色（M）箭头所示。

细胞分裂

30秒探索基因密码

3秒钟速览

有丝分裂和减数分裂都是细胞分裂并产生子细胞的过程，子细胞构成我们的身体组织和生殖细胞。

3分钟思考

细胞分裂是一个受到高度调控的过程。染色体分离并进入不同的子细胞是细胞成功分裂的关键。在通过有丝分裂产生的细胞中，如果一条染色体行动滞后，将导致一个子细胞中只有该染色体的一个拷贝（而不是两个），而另一个子细胞中有该染色体的三个拷贝。有丝分裂过程中发生的错误可能导致癌细胞的产生，而癌细胞的生长不受调控。

通过细胞分裂，生物体得以生长和繁殖。每天，我们体内的每个细胞都会分裂产生两个子细胞，二者都从母细胞继承了遗传物质和小的细胞"隔间"（称为细胞器），如线粒体。细胞分裂有两种类型：有丝分裂和减数分裂。有丝分裂产生与母细胞相同的子细胞，而减数分裂产生用于有性生殖的配子（卵子和精子）。在进行有丝分裂前，细胞复制所有DNA及其大部分成分，从而确保子细胞获得与母细胞相同数量的DNA和蛋白质。相反，减数分裂对DNA进行"洗牌"，创造出带有母细胞一半DNA的生殖细胞。人类的大多数细胞含有46条染色体，而配子只含有23条染色体。当一个卵子和一个精子结合形成一个受精卵时，每个配子贡献了一半的DNA。当其中一个配子的染色体数量异常时（比如多了一条21号染色体的拷贝），产生的个体的染色体数量也会出现异常（多了一条21号染色体而引起的先天性染色体疾病称为"21三体综合征"）。

相关话题

另见
细胞周期 第48页
癌症的遗传学 第112页

3秒钟人物

奥斯卡·赫特维希
Oscar Hertwig
1849—1922

德国动物学家，发现了减数分裂。

本文作者

赖纳·贝蒂亚

在有丝分裂过程中，为了产生与母细胞完全相同的子细胞，细胞中所有的 DNA 都会被复制。

基因与基因组

术语

碱基切除修复（BER） 在整个细胞周期中修复受损DNA的细胞机制，通过去除基因组中的小错误来防止有害突变。

染色质 真核细胞中沿着DNA形成的复合体。染色质中有组蛋白和非组蛋白，其结构在调节基因表达中起关键作用。

真核生物 由一个或多个细胞组成的生物体，有明显的细胞核和细胞质。没有细胞核的生物被称为原核生物，比如细菌。

外显子和内含子 对信使RNA进行编辑的过程包括剪接，剪接会去除内含子并保留外显子。外显子连接在一起形成成熟的信使RNA，其中所含信息可用于制造蛋白质。一套完整的基因构成基因组，一套完整的外显子则称为外显子组。

基因组 生物体或细胞中的全套遗传物质。基因组学是对生物体基因组进行研究的一门学科，主要关注其进化、功能和结构。

遗传毒性 化学物质的一种特性，通过引起DNA突变来破坏细胞内的遗传信息。具有遗传毒性的化学物质可以杀死细胞，也可能导致癌症等疾病。

基因型 细胞的DNA序列或生物体携带的等位基因，决定细胞或生物体的某一特征（称为性状或表型）。

生殖细胞 产生用于有性生殖的配子的生物细胞。生殖细胞历经减数分裂、细胞分化，产生成熟的配子，即卵子或精子。配子包含遗传信息，这些信息将被传递给下一代。

信使RNA 一种携带DNA副本的分子，包含制造蛋白质所需的信息。基因的一条DNA链被转录成一个信使RNA副本，然后被翻译为一种蛋白质。信使RNA包含编码功能性蛋白质所需的信息。

自然选择 适应环境能力最强的生物体生存并繁殖的过程。自然选择是达尔文进化论中的一个关键机制。

核苷酸 核苷酸是DNA及RNA的基本组成单位，许多核苷酸聚合成核酸。碱基是核苷酸的组成物质之一。在DNA中有4种碱基[胸腺嘧啶（T）、胞嘧啶（C）、鸟嘌呤（G）和腺嘌呤（A）]，在RNA中也有4种[尿嘧啶（U）、C、G和A]。DNA中的碱基可以配对：A与T配对，C与G配对。

表型 细胞或生物体的可被观察到的特征或性状（如形状、发育过程、生化或生理特征、特定行为等）。表型受基因组内基因型的影响。

沉默 通过关闭基因表达来调节基因的现象。由于细胞在任何特定时间都只使用其基因的一小部分，其余基因处于抑制或沉默状态。细胞的机制决定了它能够在准确的时间使基因处于激活或沉默状态。在实验室中，研究人员可以利用这些沉默机制降低基因表达活性，甚至治疗疾病。

体细胞 构成生物体主体的生物细胞。人体内有200多种不同类型的体细胞，它们构成了所有不同的器官和组织。不同于生殖细胞和配子，体细胞包含的信息不会被传递给下一代。

剪接 编辑新转录的信使RNA以去除内含子并将外显子粘贴在一起的过程。剪接是由称为剪接体的大型蛋白质机器完成的。剪接是细胞通过编辑不同的外显子从同一基因中产生不同蛋白质的一种途径。

转录 将DNA的遗传信息转移到RNA的过程。这是由一种称为RNA聚合酶的"机器"完成的，它以DNA为模板构建RNA聚合物。

转座子 能够改变自身在基因组中位置的DNA序列。转座子是转座因子中的一种，又称跳跃基因。科学家已经学会了利用转座子，例如"睡美人"转座子系统已被用于基因组工程。

什么是基因

30秒探索基因密码

基因可以解释我们个体之间的部分差异——我们是高是矮，我们的眼睛是棕色还是蓝色的，以及我们为什么长得像父母。母亲给了我们一半的基因，父亲也给了我们一半的基因，因此我们每个人的基因集合都是独一无二的（多胞胎除外，他们拥有相同的基因）。那么，为什么一个女儿会有她父亲特有的卷发呢？因为她从父亲那里获得了"卷发"基因，而且通常"卷发"基因是显性的，"直发"基因是隐性的。基因的差异通过性状的差异反映出来。基因对应特定染色体位置的不同DNA序列。对基因如何影响可见性状的研究引出了"基因"一词的第二个定义：基因也是一段DNA，它被复制到核糖核苷酸分子或蛋白质中，具有已知的功能。例如，角蛋白基因用于产生构成头发的角蛋白。在老鼠、狗和人体内，角蛋白基因DNA序列中的一个突变可以解释直发和卷发之间的差异。

相关话题

另见
DNA携带遗传信息 第20页
跳跃基因 第58页
基因表达 第64页

3秒钟人物
威廉·约翰森
Wilhelm Johannsen
1857—1927
丹麦植物学家，创造了"基因""基因型""表型"等术语。

威廉·贝特森
William Bateson
1861—1926
英国生物学家，首创"遗传学"一词。

托马斯·亨特·摩尔根
Thomas Hunt Morgan
1866—1945
美国生物学家，因在基因及基因在染色体上的位置方面的发现获得诺贝尔奖。

本文作者
维尔日妮·库尔捷-奥尔格格索

你的许多身体特征是由基因决定的，包括头发的颜色和直卷等。

3秒钟速览
基因本身是一种不活跃的DNA分子，没有任何作用。但在生物体内，将一个基因转变为另一个基因会产生肉眼可见的差异。

3分钟思考
人类基因组中携带的基因数量与小型线虫基因组中携带的大致相同。许多物种（包括老鼠、河豚、红三叶草、洋葱和小麦等）似乎拥有比人类更多的基因。因此，生命的复杂程度不仅仅取决于基因的数量。

跳跃基因

30秒探索基因密码

跳跃基因,又称转座子(转座因子中的一种),是可以移动到基因组中其他位置的DNA序列。芭芭拉·麦克林托克首先描述了这一现象,她观察到玉米粒的颜色因基因的移动而发生变化。转座子可以通过"复制、粘贴"(原DNA保留在原位置)或"剪切、粘贴"(原DNA移动到新位置)进行移动。转座子构成了人类基因组的很大一部分。大多数转座子都是不活跃的,但当转座子活跃时,基因组的健康会受到影响,从而引起突变或疾病,或者改变邻近基因的行为。转座子还可以通过将DNA移动到新的位置产生遗传多样性,从而推动基因组的进化。转座子已经成为生物学家研究突变、标记基因组内全部基因的工具,从而能够帮助识别决定特定性状的基因。转座子的原理也被用于将DNA序列插入基因组。"睡美人"转座子是1997年从鱼类基因组中复活的合成DNA转座子,在基因治疗过程中,它被用作将特定DNA序列插入脊椎动物基因组的工具。

相关话题

另见
DNA携带遗传信息 第20页
基因治疗 第138页
基因组编辑 第152页

3秒钟速览
转座子是可以从基因组中的一个位置移动或"跳跃"到另一个位置的DNA序列。

3分钟思考
转座子是可以在基因组内改变位置的DNA序列。它们约占人类基因组的一半,对基因组的运行和进化非常重要。它们还可以被用作修改细胞或活生物体基因组的工具。

3秒钟人物
芭芭拉·麦克林托克
Barbara McClintock
1902—1992
美国细胞遗传学家,发现基因可以从染色体上的一个位置移动到另一个位置,1983年诺贝尔生理学或医学奖得主。

本文作者
马修·韦茨曼

麦克林托克在玉米转座子方面的最初发现直到30多年后才被相关领域完全认可和接受。

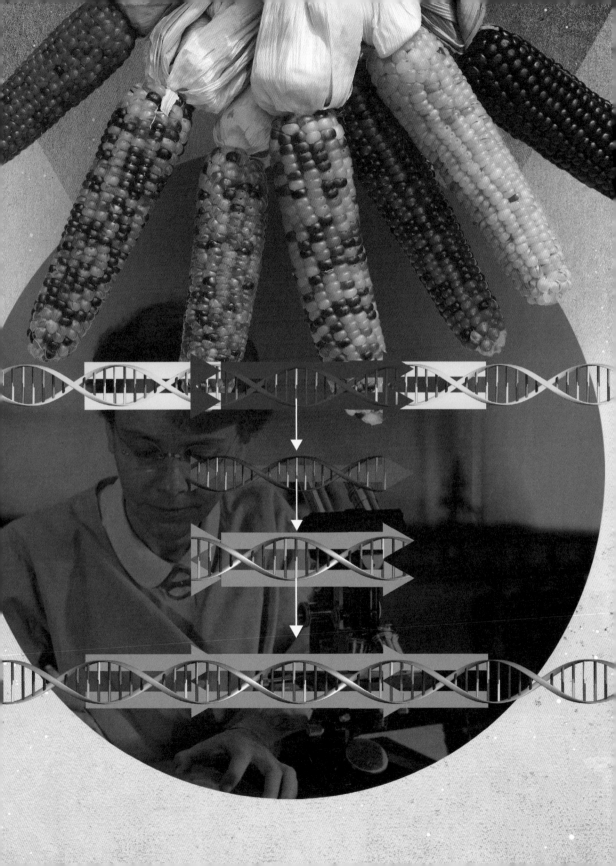

基因剪接

30秒探索基因密码

3秒钟速览
基因剪接精确地去除内含子并将外显子连接在一起，修改初始信使RNA，从而产生可以制造蛋白质的信使RNA。

3分钟思考
编码蛋白质的RNA比对它们进行编码的DNA序列短得多。在某些情况下，高达90%的初始信使RNA是内含子序列，该序列被移除后可以形成编码蛋白质的信使RNA。有些基因只有一个或两个内含子，而有些基因有几十个内含子。基因剪接酶通过在内含子末端定位不变的信使RNA序列来精确地识别和移除内含子。

编码在DNA序列中的基因信息被用于生成蛋白质。第一步是将基因的DNA序列转录成信使RNA分子。根据几十年前一个令人惊讶的发现，动物和植物的大多数基因都是"断裂基因"：部分基因包含了编码蛋白质所需的信息，其他则不然。基因中可编码蛋白质的序列称为外显子，它们被内含子分开，内含子是一种不编码蛋白质信息的长序列。首先从基因转录而来的信使RNA包含所有外显子和内含子序列。但之后内含子在一个叫作基因剪接的过程中被移除，而外显子以正确的顺序连接在一起，形成最终的信使RNA。人们可以将初始信使RNA想象成有意义的单词（外显子）和错乱排列的字母（内含子）的混合物。基因剪接改变了初始信使RNA上形如"thisiscmhazdbwthewayqtrncdbgenestalk"的信息，方法是去除错乱排列的字母并将有意义的单词连接在一起，生成基因的最终信息——"this is the way genes talk"（这就是基因的表达方式）。选择性剪接去除不同的内含子并连接外显子，使同一基因产生不同的蛋白质变体。基因剪接是一个精确的过程，只从信使RNA中删除内含子序列。

相关话题
另见
中心法则 第28页
什么是基因 第56页
基因表达 第64页

3秒钟人物
理查德·罗伯茨
Richard Roberts
1943—
英国生物化学家、分子生物学家，"断裂基因"的共同发现者。

菲利普·夏普
Phillip Sharp
1944—
美国分子生物学家，发现大多数基因会"断裂"为外显子和内含子片段。

托马斯·切赫
Thomas Cech
1947—
美国生物学家，描述了基因剪接的过程。

本文作者
马克·桑德斯

基因剪接错误可能会引发遗传病，也可能导致癌症。

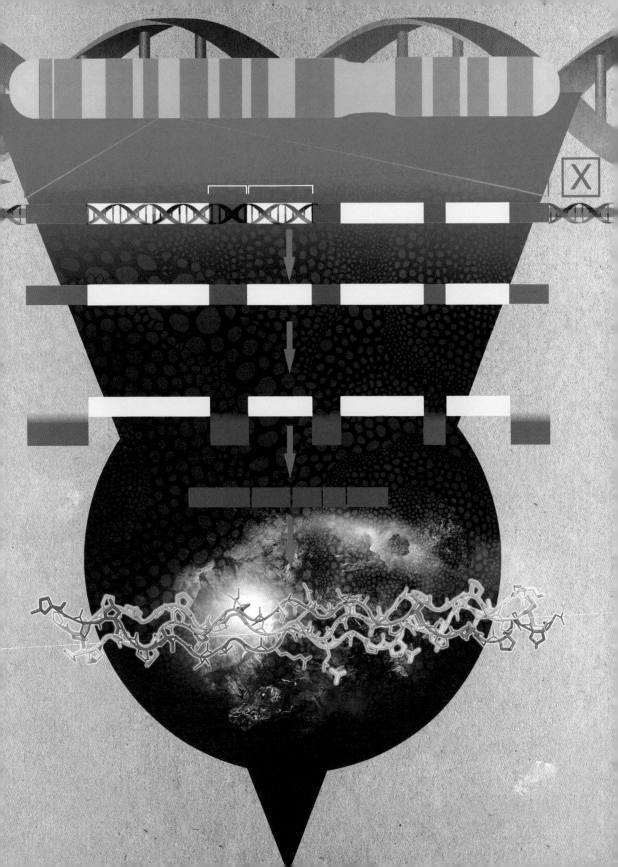

基因型与表型

30秒探索基因密码

一个种群中的大多数生物体彼此不同。这些差异大多来源于潜在的遗传变异。个体的基因型描述了个体在单个基因和整个基因组层面上的基因构成。大多数动物最多可以携带每个基因的两个版本（或等位基因）。这些等位基因在基因组中的组合对于每个个体来说都是独一无二的，构成了遗传指纹。只有从一个受精卵发育而来的同卵多胞胎具有相同的基因型。然而，由于母亲受孕后出现的细微变化，他们之间也存在差异。表型是个体的一组可观察或可测量的性状，如眼睛的颜色、身高等。例如，在豌豆中，白色花的基因型是pp（纯合子），而紫色花的基因型是Pp或pP（杂合子）。两个个体发生相同的变异（基因型相同）可能会产生相同的表型，但也不能一概而论，因为表型是基因型与环境相互作用的产物。

3秒钟速览
通过与基因组中的其他基因及环境的相互作用，个体的基因型能够决定其表型。

3分钟思考
特定基因的基因型并不总是导致相同的表型。这取决于相关等位基因与基因组中其他等位基因的相互作用，这种相互作用能减弱或增强表型。但是环境可以深刻地影响基因型的表达。以下公式对此进行了描述：G + E + GxE→P（G = 基因型，E = 环境，GxE = 基因型与环境的相互作用）。

相关话题
另见
基因与环境　第78页
双胞胎　第92页
遗传指纹　第120页

3秒钟人物
威廉·约翰森
Wilhelm Johannsen
1857—1927
丹麦植物学家，创造了"表型"和"基因型"这两个术语来区分遗传及其结果。

本文作者
赖纳·贝蒂亚

每个人的基因型都是独一无二的。唯一的例外是同卵多胞胎，他们拥有几乎相同的基因型，但他们的表型仍然可能不同。

基因表达

30秒探索基因密码

你体内几乎所有的细胞都含有相同的DNA，但每种类型的细胞都具有特定的生物学功能。事实证明，并不是所有的细胞都能同时读取基因组中的所有遗传信息。你的DNA包含了制造25000多种不同蛋白质所需的一切信息，但每个细胞只制造实现自身功能所需的蛋白质，并且在指定时间只会"读取"所有基因的一小部分。为了制造蛋白质，细胞必须将DNA"转录"成RNA，然后将其"翻译"成蛋白质。研究人员说，基因要么被表达（打开），要么被抑制（关闭）。每个基因的上游都有一段称为启动子（promoter）的DNA，它就像一个开关，可以打开或关闭转录过程。数目众多的调节机制可以保证开关在正确的时间打开，且每个基因为实现特定的细胞功能完成恰当的表达。有一些特殊的蛋白质可以识别这些开关并调节生成的RNA的数量。细胞还可以通过确定RNA的降解速度来控制基因表达。

相关话题

另见
中心法则 第28页
什么是基因 第56页
基因型与表型 第62页

3秒钟人物
雅克·莫诺
Jacques Monod
1910—1976
法国遗传学家，通过研究细菌中的基因抑制来探索基因的表达方式。

罗杰·科恩伯格
Roger Kornberg
1947—
美国生物化学家，首先揭示了真核基因转录的分子机制。

本文作者
乔纳森·韦茨曼

3秒钟速览
每个细胞只表达基因组中所有基因的一小部分，它根据细胞的需求制造出合适的蛋白质。

3分钟思考
现如今，研究人员拥有先进的技术来对成千上万个可以同时表达的基因进行检测。通过基因表达谱分析，他们可以预测细胞的特性以及共同表达的基因的功能。一些基本的基因在大多数细胞中表达，而另一些仅在非常特殊的组织中表达。

如右图所示，热力图在各种实验中被广泛用于研究基因的表达方式。

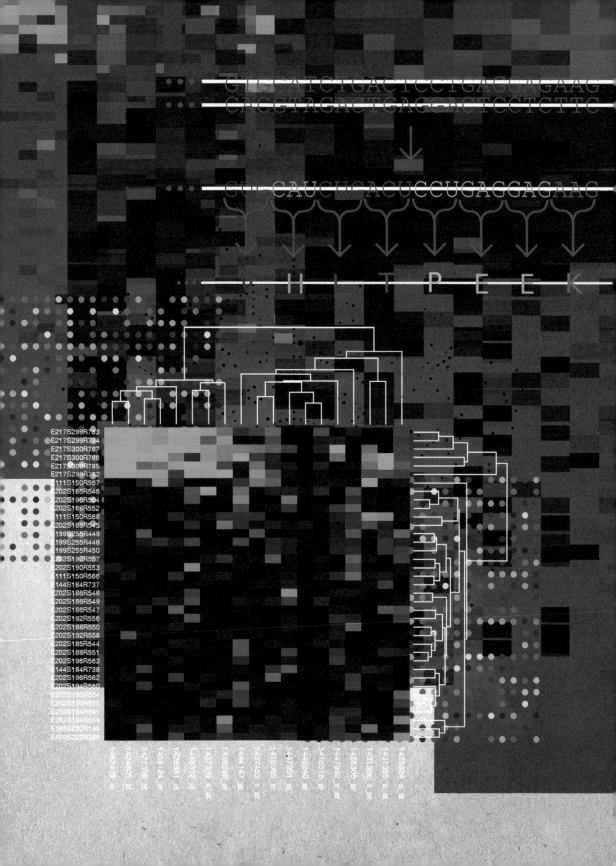

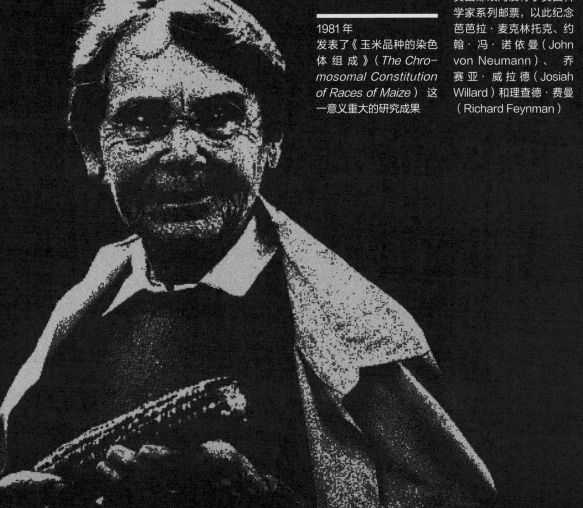

1902 年 6 月 16 日
出生于美国康涅狄格州哈特福德（Hartford）

1918 年至 1931 年
在康奈尔大学农学院完成本科和研究生学业，并继续从事研究

1933 年至 1934 年
获得古根海姆奖学金，在德国与遗传学家理查德·B. 戈德施密特（Richard B. Goldschmidt）一起接受培训

1936 年至 1941 年
任密苏里大学助理教授

1941 年至 1992 年
在冷泉港实验室（Cold Spring Harbor Laboratory）遗传学部工作，发现了转座子

1944 年
当选为美国国家科学院的第三位女院士，也是美国遗传学学会的首位女主席

1970 年
成为第一位获得美国国家科学奖章的女性

1981 年
发表了《玉米品种的染色体组成》（*The Chromosomal Constitution of Races of Maize*）这一意义重大的研究成果

1983 年
获得诺贝尔生理学或医学奖

1987 年
出版论文集《转座子的发现和表征：芭芭拉·麦克林托克论文集》

1992 年 9 月 2 日
因病去世，享年 90 岁

2005 年
美国邮政局发行了美国科学家系列邮票，以此纪念芭芭拉·麦克林托克、约翰·冯·诺依曼（John von Neumann）、乔赛亚·威拉德（Josiah Willard）和理查德·费曼（Richard Feynman）

芭芭拉·麦克林托克

BARBARA MCCLINTOCK

1902年，芭芭拉·麦克林托克出生于美国康涅狄格州哈特福德。她从小就很独立，她"独处的能力"便是小时候培养起来的。在女大学生寥寥无几的年代，她便展现出对学习科学的渴望。带着对科学的热爱，她进入康奈尔大学，踏上了科学之旅，并于1923年获得植物学学士学位。她的兴趣很快聚焦于玉米植株染色体的结构和功能上。

在漫长的科学生涯中，麦克林托克发现了玉米染色体许多不同寻常的特征。她最负盛名的贡献是发现了转座子，即可以从染色体上的一个位点移动到另一个位点的DNA片段。转座子也被称为"跳跃基因"，因为它们天生就是可移动的。在她研究的一个玉米品系中，她注意到染色体上的一个特殊位点有一个奇怪的特征，即表现出相当高的断裂率。麦克林托克称这一特殊位点为可变位点（mutable site）。在她研究的另一个玉米品系中，可变位点导致玉米粒出现斑点。通过研究带斑点的玉米粒和观察显微镜下的染色体，麦克林托克证明了可变位点可以从一个染色体位点移动到另一个染色体位点。那便是转座子。1951年，当麦克林托克提出转座子的存在时，她的理论遭到了强烈质疑。一些遗传学家无法接受遗传物质总是频繁重排的观点。他们确信遗传物质是高度稳定的，具有永久性结构。然而，在接下来的几十年里，科学界意识到了转座子的存在是一种普遍现象。

芭芭拉·麦克林托克喜欢独处，她用显微镜观察玉米染色体的时间难以估量。她不仅在技术上天赋异禀，而且在理论意识方面卓尔不群，敢于挑战传统智慧。像孟德尔和达尔文一样，她显然远远走在了时代前列。1983年，麦克林托克因发现了"可移动的遗传因子"获得诺贝尔生理学或医学奖，此时距她最初的发现已经过去了30多年。她是第一位独立获得该奖项的女性。她还获得了许多其他荣誉，包括1970年美国总统尼克松（Nixon）颁发的美国国家科学奖章，并于1989年成为英国皇家学会的外籍会员。

1992年9月2日，麦克林托克于纽约亨廷顿寿终正寝，终年90岁。

罗伯特·布鲁克

突变与多态性

30秒探索基因密码

所有的DNA分子，无论是否是基因的一部分，都会因突变而改变。这些改变可能很微小（如单个或多个碱基对的增加或删除），也可能很显著（如染色体片段的复制或移除、染色体数量和结构的改变）。突变可能发生在生殖细胞或体细胞中。突变是罕见的，在人类细胞分裂周期中，平均每一百万个碱基才会发生一次突变。突变可能是由DNA碱基的自发化学变化或环境因素（如接触其他化学物质或暴露于辐射）引起的。虽然突变十分罕见而且有时还会带来不良影响，但它至关重要，因为它会造成遗传变异，而遗传变异是进化的基础。当遗传变异在种群中的发生频率（每100个基因拷贝中的突变拷贝数）小于1%时，这种遗传变异现象被称为"突变"。当进化行为将突变频率提高到1%以上时，这种遗传变异现象被称为"多态性"，意为"多种形态"。一个种群中存在两个或两个以上多态性等位基因通常是突变后进化的结果，突变后的进化增加了突变体等位基因出现的频率。

相关话题
另见
基因型与表型 第62页
DNA损伤与修复 第70页
显性遗传病和隐性遗传病
　　第104页

3秒钟人物
休厄尔 · 赖特
Sewall Wright
1889—1988
美国遗传学家，群体遗传学的奠基人之一。

赫尔曼 · 穆勒
Hermann Muller
1890—1967
美国生物学家，证明了辐射具有诱变能力。

布鲁斯 · 艾姆斯
Bruce Ames
1928—
美国生物化学家，研发了一种测试方法来确定化合物是否会引起突变。

本文作者
马克 · 桑德斯

3秒钟速览
突变改变了DNA序列。它是同一种群内成员彼此不同的原因之一，也是进化所必需的条件。

3分钟思考
如果突变改变了被一个指定基因编码的蛋白质的功能或生产过程，那么它对于生物体往往是有害的。成千上万种不同的人类遗传病几乎影响到我们身体特征的方方面面，它们都是由基因突变引起的。不过，突变偶尔也可能给基因的蛋白质产物带来有益的改变。通过自然选择对这些有益突变体的作用，多态性便可以在种群中存续多代。

地球上的生物多样性令人叹为观止，这正是基因突变的直接结果。

DNA 损伤与修复

30秒探索基因密码

3秒钟速览

人类基因组不断受到攻击，幸而我们人体拥有一种能监测DNA损伤并保持基因组完整性的复杂机制。

3分钟思考

成千上万种具有潜在毁灭性的人类基因组损伤每天都在发生。我们人体有一种复杂的机制，能够识别并修复DNA的受损区域。未得到妥善修复的DNA损伤可造成突变和不稳定性，从而引发威胁生命的疾病，如癌症、神经退行性变性疾病和早衰等。

人体内的DNA不断受到来自体内和体外的攻击，因此细胞必须竭尽全力保持基因组的完整性。DNA可被活性代谢物、氧化、辐射、基因毒性化学物质、紫外线，甚至正常的复制过程所破坏。受损的DNA区域会对细胞的基本生理过程产生负面影响：可能导致基因组的突变（将改变编码基因），也可能导致染色体重排（将改变染色体结构完整性）。为防止基因错乱，细胞必须识别并修复受损的DNA。人体有一种复杂的机制会持续对基因组进行检查，以修复一切受损的DNA——由专门的蛋白质充当传感器，提醒细胞警惕DNA损伤；之后，再动员酶前去移除受损的DNA片段。酶和修复方式的选择因损伤类型而异。一些遗传病是由与酶的生产相关的基因发生故障引起的。当修复路径出现故障或被关闭时，基因组不稳定性上升并引发癌症。同时癌细胞开始依赖于其余的修复路径，这使得它们容易受针对完整修复路径的药物的影响。

相关话题

另见

细胞周期 第48页

突变与多态性 第68页

癌症的遗传学 第112页

3秒钟人物

赫尔曼·穆勒
Hermann Muller
1890—1967

美国遗传学家，发现X射线能使细胞发生突变并杀死细胞。

雷纳托·杜尔贝科
Renato Dulbecco
1914—2012

意大利裔美国病毒学家，发现修复酶可以拯救受损的DNA。

托马斯·林达尔
Tomas Lindahl
1938—

出生于瑞典的科学家，发现了通过碱基切除修复RNA的机制。

本文作者

马修·韦茨曼

暴露在紫外线下和吸烟都会损伤你的DNA。

基因组结构

30秒探索基因密码

在一个哺乳动物细胞中，约2米长的DNA被装进直径只有千分之几毫米的细胞核中。这种包装不是随机的，基因组具有特定的结构。染色体内或染色体间的物理相互作用在基因调控、DNA复制和维持基因组稳定性方面起着重要作用；基因组结构或许既是这些功能的产生原因，又是这些功能的结果。当DNA包裹特定的蛋白质形成染色质时，包装就开始了。染色质形成一种纤维，它将自身折叠成大小不一的环——从几千个核苷酸组成的小环到几十万个核苷酸组成的大环。这些环对调节基因很重要，但关于它们是如何形成以及如何影响基因的，我们知之甚少。许多生物体内都存在这种环，苍蝇和细菌也不例外。染色体也被划分为不同的"活性"和"非活性"染色体区域。靠近核膜的基因组片段往往受到抑制（不活跃），而位于细胞核中心的其他片段则相对活跃。一个多世纪前，生物学家首次定义了染色体区域。现代技术表明，基因组结构是一个支架，保证了DNA的正确读取和复制。

相关话题
另见
细胞核 第36页
染色体及核型 第38页
染色质和组蛋白 第86页

3秒钟速览
基因组不是在空间中随机组成的，它们具有特定的结构，能够有效地将遗传物质进行分装，同时促进基因表达。

3分钟思考
基因组结构是动态的：染色体结构是非永久性的，一些区域可能会随着时间的推移而折叠或展开。这是由与染色体序列结合的蛋白质，包括能够实现长程相互作用或折叠的结构元件，以及决定基因何时何地表达的调控元件等导致的。细胞核中染色体的组织形式决定了细胞如何利用遗传信息。

3秒钟人物
卡尔·拉布尔
Carl Rabl
1853—1917
奥地利解剖学家，于1885年首次提出染色体在细胞核内被组织成不同的区域。

西奥多·勃法瑞
Theodor Boveri
1862—1915
德国生物学家，于1909年创造了"染色体区域"（chromosome territories）这一术语。

本文作者
伊迪丝·赫德
Edith Heard

遗传学家仍在试图确定基因组结构对基因表达的方式和时间的复杂影响。

表观遗传学 ◐

术语

活跃基因或沉默基因 每个细胞仅使用全部基因的一小部分来实现其生物学功能，因此基因要么是活跃的（被转录成信使RNA），要么是沉默的（转录受到抑制，不产生信使RNA）。

不一致性 具有相同遗传物质的同卵双胞胎可能表现出不同的遗传特征，不一致性指二者基因型与表型之间的差异。同卵双胞胎患病的不一致性有助于评估环境因素的影响。

DNA甲基化 通过添加甲基基团（由一个碳原子和三个氢原子构成）对DNA进行修饰。DNA甲基化在不改变DNA序列的情况下改变DNA的功能。大多数DNA甲基化是在碱基胞嘧啶上进行的，通常会降低基因表达活性。

酶 一种作为生物催化剂加速细胞内化学反应的分子。细胞中的大多数代谢过程都需要酶，酶可以改变蛋白质功能和复制DNA。对酶的研究称为酶学。

表观遗传学 研究基因型与表型的关系的学科，不涉及基因组序列改变产生的效应。该术语由康拉德·哈尔·沃丁顿（Conrad Hal Waddington）在20世纪40年代创造，指"生物学的一个分支，研究基因与决定表型的基因产物之间的因果关系"。表观遗传学如今的定义是"研究在DNA序列未发生改变的情况下基因组功能发生的可遗传的变化的学科"。

表观遗传修饰 在不直接改变DNA序列的前提下改变影响基因组行为方式的DNA或相关蛋白质，这些变化包括DNA甲基化、组蛋白的甲基化及其他化学变化修饰。表观遗传修饰可以对基因表达产生显著影响，并导致某些基因的抑制，称为表观遗传沉默。

表观基因组 生物体和细胞中的全基因组表观遗传修饰的图谱，包括DNA甲基化图谱和组蛋白修饰图谱等。表观基因组的状态影响染色质的结构和基因组的功能。与相对静止的基因组不同，表观基因组可以随时间动态变化，也可能因环境而改变。

真核生物　由一个或多个细胞组成的生物体，有明显的细胞核和细胞质。没有细胞核的生物被称为原核生物，比如细菌。

基因剂量　基因组中特定基因的拷贝数。大多数基因存在两个拷贝，但男性的某些基因并非如此，因为他们只有一个Y染色体拷贝和一个X染色体拷贝。而女性有两个X染色体拷贝，所以两性之间存在基因剂量的差异。如果患者有部分基因组缺失或某条染色体多了一个拷贝，这种基因剂量的变化可能造成疾病。

组蛋白　真核细胞中与DNA相关的小分子蛋白质家族，许多都聚集在称为核小体的蛋白质球中。组蛋白对DNA进行包装，有助于组织基因组并控制基因表达。

核小体　真核生物包装DNA的基本单位，由包裹在八种组蛋白球上的DNA组成。当用电子显微镜观察时，可以看见核小体的组织类似于一串珠子。

原核　受精过程中精子和卵子结合前的细胞核。每个原核分别携带一组染色体，这些染色体将在受精卵的细胞核中结合，构成完整的两个染色体组。

嘧啶和嘌呤　含有两个氮原子和四个碳原子的环状化合物。DNA中有两种嘧啶碱基：胞嘧啶和胸腺嘧啶。它们分别和被称为嘌呤的碱基，鸟嘌呤和腺嘌呤配对。

端粒　染色体末端的特殊结构。在真核生物中，端粒酶的存在让端粒不会因细胞分裂而有所损耗。

X染色体和Y染色体　负责决定性别的特殊染色体。女性有两条X染色体，而男性有一条X染色体和一条Y染色体。

基因与环境

30秒探索基因密码

环境指的是生物体周围所有要素的总和。当你在花园里种花时，你会意识到环境对花的正常生长是多么重要：当你把花种植在正确的地方并给予适当的照顾时，它便长势喜人；而不适当的环境条件（如过热或过冷）则会给花的生长带来毁灭性的影响。每种生物，包括有花植物，都是基于其基因和生存环境而存在的。这两个因素对地球上的生命都是不可或缺的。基因提供了产生性状的信息，而环境提供了可以影响性状的营养和能量。例如，植物具有能够编码蛋白质的基因，这些蛋白质可以将化学物质连接起来，形成花朵和水果上五彩斑斓的色素。为了制造这种色素，植物会从环境（如雨水和土壤等）中获取化学物质。此外，它们还需要适量的阳光，这提供了将化学物质转化为色素所需的能量。简而言之，环境对基因型转化为表型的方式有着至关重要的影响。

相关话题

另见
什么是基因 第56页
基因型与表型 第62页
显性遗传病和隐性遗传病
    第104页

3秒钟人物
罗伯特·格思里
Robert Guthrie
1916—1995
美国微生物学家，设计了格思里试验（Guthrie test），用于筛查新生儿是否患有苯丙酮尿症。

本文作者
罗伯特·布鲁克

3秒钟速览
基因提供遗传信息以产生性状（表型），这一程序受环境信号的影响。

3分钟思考
苯丙酮尿症是一种人类遗传病，是基因与环境相互作用的一个例子。大多数人都有两个编码苯丙氨酸羟化酶的基因的功能性拷贝。但有些继承了两个有缺陷的拷贝的人患有苯丙酮尿症。如果苯丙酮尿症患者在儿童时期遵循含有苯丙氨酸的饮食标准，他们可能会出现严重的精神障碍、牙齿缺陷和尿味异常等。但是如果限制他们饮食中的苯丙氨酸含量，他们的发育将是正常的。

环境对生物体的生存和发展起着至关重要的作用。将同一株植物种植在温暖的花园里和种植在炎热的沙漠里，结果将大相径庭。

基因组印记

30秒探索基因密码

3秒钟速览

尽管双亲都为受精卵提供了等量的遗传信息，但染色体只带有来自亲本一方的印记，并且如果亲本不同，染色体的行为也可能有所不同。

3分钟思考

基因组印记存在于真菌、植物和动物中，但一个基因的亲本起源是怎样的、又为何如此重要，我们仍然不得而知。在哺乳动物中，表观遗传修饰，如DNA甲基化，发生于细胞分裂过程中，并导致印记基因在表达上的差异。印记说明了适当的基因剂量是多么重要。对人类而言，亲本对印记基因的复制会对后代的生长和行为产生影响，还可能诱发癌症。

二倍体生物体具有两套染色体——一套遗传自母亲，另一套遗传自父亲。对于大部分基因来说，两个亲本的表达方式（或打开方式）是类似的。但是，在少数情况下，一个拷贝是沉默的（不活跃的），另一个是活跃的，这取决于它们来源于哪个亲本。这种来自亲本双方的等位基因只有一方表达，而另一方不表达的现象被称为基因组印记。该现象是遗传学家在20世纪七八十年代首次发现的，当时他们观察到，带有来自同一亲本的一条染色体的两个拷贝的不同个体，同样具有某些疾病的特征。在20世纪80年代，科学家们试图通过在小鼠卵细胞中将两个雌性或两个雄性原核结合，然后将这些卵细胞转移到寄养雌性小鼠体内，从而创造出纯雌性（雌核发育）和纯雄性（雄核发育）的二倍体个体。但这些卵细胞都未能正常发育，即使它们具有相同的性染色体。这是因为有些基因是有印记的，它们的表达取决于它们遗传自哪个亲本（母亲或父亲）。对于母源印记基因，母源拷贝是沉默的，父源拷贝是活跃的，父源印记基因则相反。我们现在所知的印记基因大约有100个。解释为什么印记会进化的理论不在少数，但还没有人确切知道原因。

3秒钟人物
布鲁斯·卡塔纳克
Bruce Cattanach
1932—

英国遗传学家，发现由同一亲本遗传的染色体区域的两个拷贝会导致异常。

阿齐姆·舒拉尼
Azim Surani
1945—

达沃尔·索尔特
Davor Solter
1941—

两位遗传学家分别出生于肯尼亚和南斯拉夫，发现父源基因组和母源基因组对后代的正常发育都是必不可少的。

本文作者
伊迪丝·赫德

正常基因组印记的缺失可能导致普拉德－威利综合征等疾病。

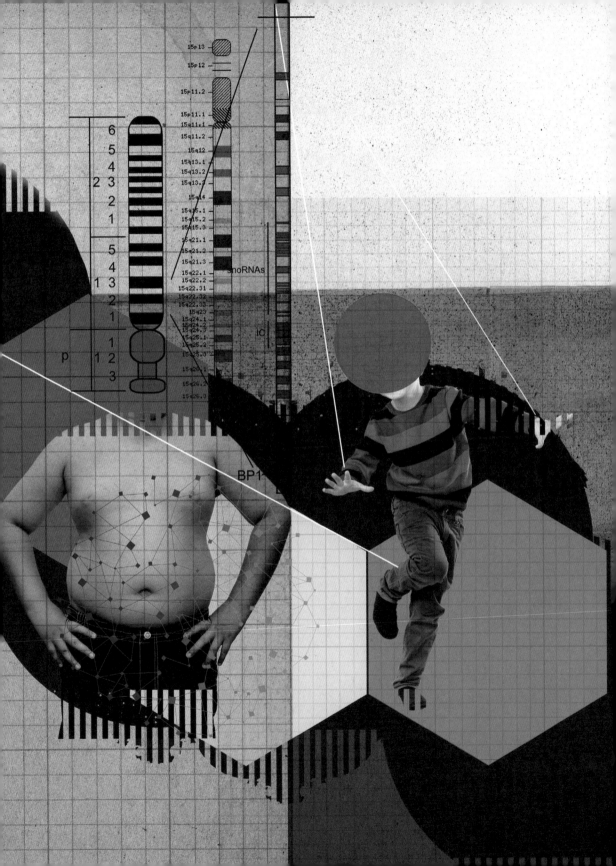

DNA 甲基化

30秒探索基因密码

DNA有4种碱基。其中1种碱基——胞嘧啶，可以被修饰，从而改变DNA的读取方式。修饰是指在嘧啶环第五位的碳原子上加上一个甲基，生成5-甲基胞嘧啶。这种修饰（甲基化）改变了基因组序列的功能。例如，当一个基因的启动子区域被甲基化时，通常会导致基因表达受到抑制（启动子关闭）和基因转录减少。DNA甲基化对哺乳动物的正常发育和许多表观遗传事件（如基因组印记和X染色体失活）都至关重要。DNA甲基化水平也可能随着人体的衰老而改变，并导致多种癌症。有些酶可以使特定区域的DNA甲基化，而有些酶可以去除甲基化标记。这两类酶的突变都会导致严重的人类疾病。有一些蛋白质可以在DNA甲基化时将它识别出来。现在有许多技术可以在实验室中鉴定甲基化的DNA。不同类型的细胞和不同的发育过程都具有DNA甲基化模式。

3秒钟速览
甲基化是一种化学修饰方式，可以改变DNA的功能，并提供有关特定细胞特征和历史的线索。

3分钟思考
DNA甲基化是一种可以微妙地改变DNA中的"字母"（碱基）的修饰方式。这有点像法语、西班牙语等语言中的口音。口音改变了单词的发音和意义，但没有改变字母本身的顺序。正如口音的错误会改变句子的意思一样，DNA甲基化引起的变化也会产生严重后果，引发疾病。

相关话题
另见
基因表达 第64页
基因组印记 第80页

3秒钟人物
罗宾·霍利迪
Robin Holliday
1932—2014
英国分子生物学家，最早提出DNA甲基化可能是控制基因表达的重要机制的科学家之一。

阿齐姆·舒拉尼
Azim Surani
1945—
出生于肯尼亚的遗传学家，发现了基因组印记及其与起源亲本的DNA甲基化模式间的联系。

安德鲁·保罗·范伯格
Andrew Paul Feinberg
1970—
美国科学家，发现DNA甲基化过程中的变化与癌细胞中基因的开启或关闭有关。

本文作者
乔纳森·韦茨曼

DNA 甲基化改变了基因组的运作方式。

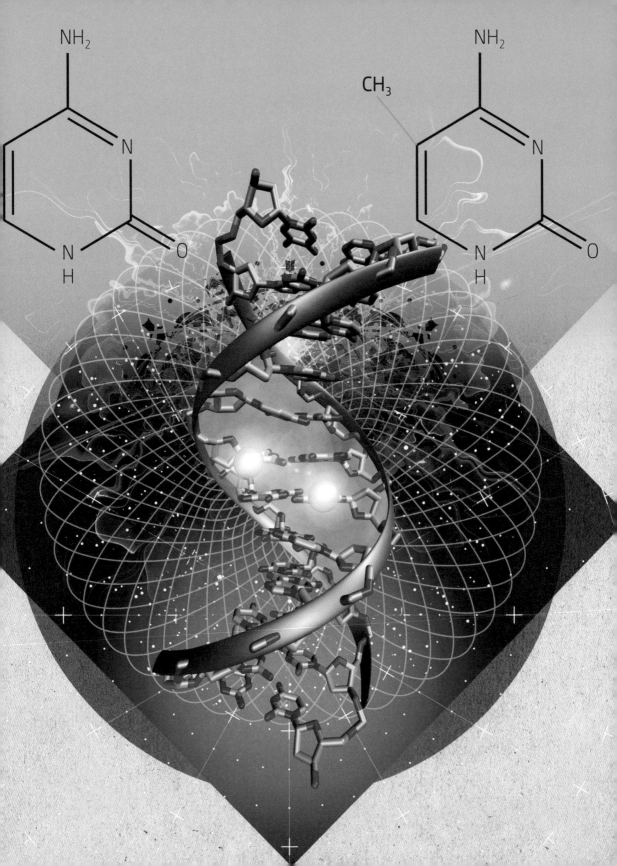

X 染色体失活

30秒探索基因密码

染色体携带基因，是遗传的基础。正确的染色体数量和基因表达对生命至关重要。在大多数哺乳动物中，雌性是细胞嵌合体，因为这些雌性动物在任何给定的细胞中只使用一条X染色体，而不是同时表达来自母体的两条X染色体上的基因。为什么？雄性和雌性的差异源于性染色体的不同：雌性有两条X染色体，雄性有一条X染色体和一条Y染色体。雌性的X染色体失活平衡了这些明显的差异，也平衡了基因剂量。在胚胎发育过程中，每个雌性细胞都会关闭其中一条X染色体上几乎所有的基因表达。通常哪条X染色体（可能是父源X染色体，也可能是母源X染色体）失活是随机的，但一旦做出选择，在所有子细胞中，这条染色体都会保持失活状态。英国遗传学家玛丽·莱昂注意到雌性鼠毛皮上出现了不同颜色的斑块，从而发现了X染色体失活的现象。在X染色体上，控制雌性鼠毛色的基因有两种（两个等位基因）。她提出，细胞只表达其中一个等位基因，而不是同时表达两个等位基因。

相关话题
另见
染色体及核型 第38页
人类Y染色体 第42页
性别 第98页

3秒钟人物
克拉伦斯·欧文·麦克朗
Clarence Erwin McClung
1870—1946
美国生物学家，通过研究蝗虫发现染色体在性别决定中起作用。

玛丽·莱昂
Mary Lyon
1925—2014
英国遗传学家，首次描述了X染色体失活的现象。

本文作者
伊迪丝·赫德

3秒钟速览
一条X染色体的沉默意味着雌性拥有能够表达父源X染色体的细胞区域，而其他细胞区域表达母源X染色体。

3分钟思考
为了调节不同性别间基因剂量的不平衡，动物纷纷采取了不同的策略。在哺乳动物中，有些雌性关闭了一条X染色体上的基因表达。相比之下，雌性果蝇不会关闭X染色体上的基因表达，而雄性果蝇会增加X染色体上的基因表达，直至其达到雌性的水平。此外，雄性线虫通过将X染色体上的基因表达减半来实现平衡。

雌性鼠身上不同颜色的毛皮形成的斑块是 X 染色体失活的结果。

染色质和组蛋白

30秒探索基因密码

3分钟思考
对组蛋白的修饰有时十分复杂,会影响真核细胞接触DNA的方式。其中一些修饰可以预测基因将是被表达还是沉默。研究人员将这些修饰的图谱统称为"表观基因组"。不同类型的细胞拥有不同的表观基因组,可以表达不同的基因。

单个人类细胞中所有DNA的长度约为2米。它们必须被压缩到一个直径约为10微米(即十万分之一米)的细胞核中。这听起来像是一个巨大的挑战。要做到这一点,DNA必须进行10000次包装。真核细胞将其DNA包裹在称为核小体的蛋白质球上,在电子显微镜下,这些蛋白质球被DNA链连成串珠状。核小体由多种称为组蛋白的蛋白质组成。DNA包裹每个核小体,并与组蛋白亲密接触。这种包装好的DNA被称为染色质,它的结构有助于细胞组织DNA,同时保护细胞免受损伤。但当细胞想要读取DNA并调节基因表达时,能否接近这些DNA就成了一个大问题。通过修饰组蛋白,细胞产生了一些更容易接近或更"开放"的染色体区域。在这些开放的染色体区域,基因可以自我表达,而在封闭的区域,基因常常沉默。如今,研究人员正在绘制这些染色体区域的图谱,以了解基因组结构如何影响基因表达。

相关话题
另见
基因表达 第64页
基因组结构 第72页

3秒钟人物
瓦尔特·弗勒明
Walther Flemming
1843—1905
德国细胞学家,在用嗜碱性染料给细胞染色时首次观察到染色质结构。

阿尔布雷希特·科塞尔
Albrecht Kossel
1853—1927
德国生物化学家,发现了被DNA包裹的蛋白质。

本文作者
乔纳森·韦茨曼

你体内的每个细胞中的DNA数量之多令人瞠目结舌。你全身的DNA连起来可达数百万千米。

1905 年 11 月 8 日
出生于英国伊夫舍姆
（Evesham）

1908 年
与父母在印度的一个茶园
里度过了人生的头 3 年

1926 年
从剑桥大学西德尼·苏塞
克斯学院地质系毕业

1931 年
在德国与汉斯·施佩曼
（Hans Spemann）合
作进行实验胚胎学研究

1935 年
来到美国加利福尼亚州，
在托马斯·亨特·摩尔根
的果蝇实验室工作

1940 年
出版著作《"组织者"与
基 因 》（Organisers and
Genes）

1940 年
当选为英国皇家学会会员

1947 年
成为苏格兰爱丁堡大学动
物遗传学教授

1957 年
出版著作《基因的策略》
（The Strategy of the
Genes），深入阐述了表
观遗传景观思想

1958 年
当选为美国艺术与科学院
院士

1960 年
出版《表象下的真相：
本世纪绘画与自然科学
关 系 研 究 》（Behind
Appearance: A Study
of the Relations Be-
tween Painting and the
Natural Sciences in this
Century）

1968 年至 1972 年
编辑四卷本著作《走向理
论生物学》（Towards a
Theoretical Biology）

1972 年
创建人类生态学中心
（Center for Human
Ecology）

1975 年 9 月 26 日
在苏格兰爱丁堡去世

康拉德·哈尔·沃丁顿

CONRAD HAL WADDINGTON

如果说孟德尔因开创性地发现了遗传定律而被誉为"遗传学之父",那么康拉德·哈尔·沃丁顿则是当之无愧的"表观遗传学之父"。由于早年接受了胚胎学领域的培训,沃丁顿对生物体如何从单个受精细胞发育成哺乳动物胚胎的复杂形态产生了兴趣。他从朋友和同事那里了解到在基因的分子特征还不明确的时候,遗传学界出现的一些理念。他对青蛙和果蝇进行了早期实验,试图了解发育生物学。但他最知名的成就是在20世纪40年代创造了"表观遗传学"一词,用以指代"一个生物学分支,研究基因与决定表型的基因产物之间的因果关系"。他希望这个新领域能够建立起经典胚胎学、现代遗传学和进化论的交叉点。

"沃德"是朋友们对沃丁顿的爱称,家人则亲昵地唤他为"康"。他在不同的学科间游走自如。格雷戈里·贝特森(Gregorg Bateson)、T. 杜布赞斯基等遗传学家以及亨利·摩尔(Henry Moore)、约翰·派珀(John Piper)等艺术家都是他的挚友。他是一位多产的作家,出版了一系列图书,书中提出了新概念,创造了新词汇(如表观基因型),提炼了他关于发育生物学的观点。

不过,沃丁顿留给世人最宝贵的遗产或许是他的表观遗传景观概念。他在20世纪40年代出版的一本书中用一幅画阐释了该概念。在这幅画中,他以景观的视觉隐喻呈现胚胎的发育过程:山顶上有一颗代表受精卵的球,即多能干细胞。他指出,随着细胞从山坡滚落,其发育潜力越来越受限——细胞身份固定不变[他使用了"渠化"(canalized)一词],由它所走的道路和进入的山谷决定。他又增加了一幅画,用一系列相互连接的木桩和拉索(代表基因)展现了景观之下的地形。

半个多世纪后的今天,研究人员还在从分子层面探索控制表观遗传事件的细节。和生物学中许多富有远见的概念一样,理解表观遗传机制的细节可能需要多年的努力。

乔纳森·韦茨曼

非编码 RNA

30秒探索基因密码

RNA的研究过程可谓惊喜连连。弗朗西斯·克里克提出了分子生物学的中心法则来解释蛋白质合成，他将RNA定位为信使（称之为"信使RNA"），它对将DNA中的遗传信息转化为蛋白质非常重要。但近年来，我们发现了许多组除了充当信使外还具有多种作用的RNA分子。事实上，绝大多数（可能高达98%）人类RNA分子不包含编码蛋白质的信息，被称为非编码RNA。那么这些非编码RNA都需要做些什么呢？它们似乎对精准调控编码RNA的表达和功能十分重要。例如，叫作转运RNA的小分子RNA对翻译信使RNA的信息很重要，核糖体RNA是制造蛋白质的"大机器"的一部分。非编码RNA可能很短，如干扰正常基因功能的RNA干扰（RNA interference，RNAi）分子。它们也可能很长，比如能使女性的整条X染色体失活的X染色体失活特异转录因子（X inactive specific transcription factor，XIST）分子，或者帮助细胞维持端粒长度的那些RNA。所有生物，从简单的酵母到人类，都已经在进化中找到了利用RNA分子调节基因组的巧妙办法。非编码RNA也与许多疾病（如癌症和自闭症等）有关。

相关话题
另见
中心法则 第28页
着丝粒和端粒 第46页
X染色体失活 第84页

3秒钟人物
卡尔·理查德·沃斯
Carl Richard Woese
1928—2012
美国微生物学家，1967年提出"RNA世界"假说。

雪莉·M. 蒂尔曼
Shirley M. Tilghman
1946—
美国分子生物学家，发现了神秘的长链非编码RNA并将其命名为H19。

克雷格·C. 梅洛
Craig C. Mello
1960—

安德鲁·Z. 法尔
Andrew Z. Fire
1959—
美国生物学家，发现了RNA干扰现象。

本文作者
乔纳森·韦茨曼

3秒钟速览
RNA的作用不仅仅是通过复制DNA序列来制造蛋白质。事实上，大多数RNA分子负责调节基因组功能，而不是编码蛋白质。

3分钟思考
RNA分子具有许多功能，用途似乎比DNA更多。这促使了"RNA世界"假说的出现，该假说认为RNA出现在地球上的时间早于DNA和蛋白质，并且RNA是地球上生命的起源。如今，研究人员正利用RNA的非编码功能来制造新的实验工具，并寻找治疗疾病的新方法。

沃斯在其假说中提出，今天地球上的所有生命都是由基于RNA的生命形式进化而来的。

双胞胎

30秒探索基因密码

双胞胎已经让人们困惑了几个世纪——《圣经》中的雅各（Jacob）和以扫（Esau）兄弟，据说他们在子宫里就曾战斗过，而传说中罗马的创立者罗慕路斯（Romulus）和雷穆斯（Remus）兄弟也曾进行过战斗。存在着两个完全一致的人，是对我们独特性的一种挑战。一般情况下，同卵双胞胎总是同性的，而异卵双胞胎在基因层面上无异于普通兄弟姐妹。女性怀上同卵双胞胎的概率仅为0.3%左右，但怀上异卵双胞胎的概率是不固定的，并且受饮食、年龄和生育治疗的影响。从遗传学的角度看，产生异卵双胞胎通常需要释放两个卵子，而没有证据表明产生同卵双胞胎会经历这个过程。如果受精卵在发育后期分裂，可能会导致女性生出共享身体部位和基因组的连体双胞胎。同卵双胞胎是自然的"克隆体"，具有几乎完全相同的基因，因此他们之间的任何差异（称为不一致性）都指向环境因素。由于遗传对人类的许多性状影响巨大，研究人员对出生时分离的同卵双胞胎进行研究将有助于找到行为异常或其他疾病的非遗传因素。研究还表明，随着年龄的增长，同卵双胞胎的差异将越来越大，环境的影响可以解释二者在某些疾病上呈现出的不一致性。

相关话题

另见
基因型与表型 第62页
基因与环境 第78页
行为遗传学 第102页

3秒钟人物

昌·邦克
Chang Bunker
恩·邦克
Eng Bunker
1811—1874

泰裔美籍兄弟，连体双胞胎，（马克·吐温笔下的）"暹罗双胞胎"（Siamese twins）的原型。

弗朗西斯·高尔顿
Francis Galton
1822—1911

英国科学家，开创了双胞胎研究的先河，并创造了"先天（nature）与后天（nurture）"这一对术语。

本文作者
乔纳森·韦茨曼

同卵双胞胎为遗传学家研究环境对人体的影响提供了机会。异卵双胞胎的基因相似度和普通兄弟姐妹的一样。

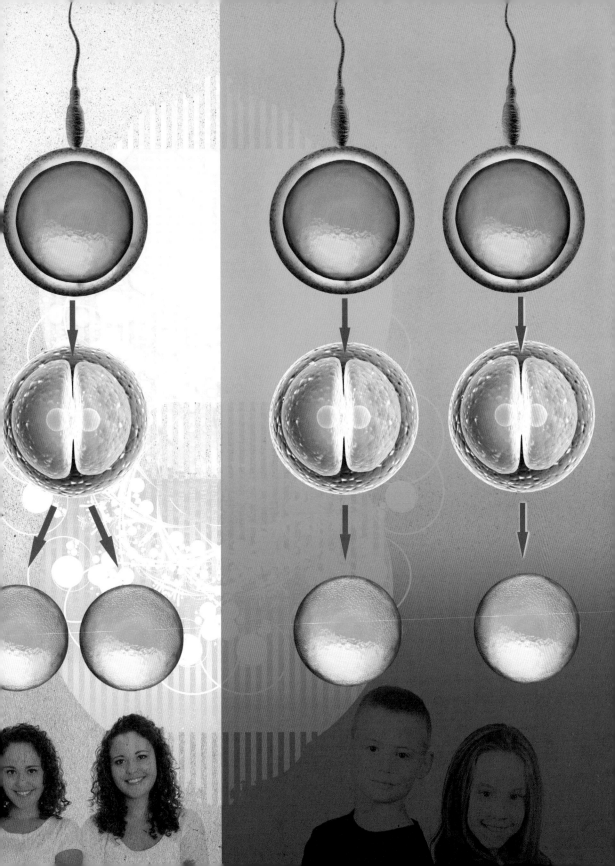

健康与疾病 ◑

术语

尿黑酸尿症 罕见的遗传病，患者无法代谢苯丙氨酸和酪氨酸这两种氨基酸。该疾病是由控制尿黑酸氧化酶合成的基因发生突变引起的。如果孩子从父母双方各继承了一个突变拷贝，化学物质（尿黑酸）就会在尿液中积累，使尿液变成深色，孩子出生时就可以检测到。

自闭症 神经发育障碍，表现为社交、沟通和行为方面的障碍。儿童通常在3岁之前就能确诊。阿斯佩格综合征（Asperger syndrome）是一种较轻微的自闭症，患者拥有正常的语言能力和智力水平。

自身免疫 机体免疫系统对抗自身健康细胞和组织的现象。由异常免疫应答引起的疾病称为自身免疫病，如腹腔疾病和1型糖尿病。

常染色体 除了性染色体（X染色体和Y染色体）以外的染色体。常染色体成对存在，每对都携带相同的基因。常染色体上的一个基因拷贝发生突变将导致常染色体显性遗传病。然而，常染色体隐性遗传病只在两个基因拷贝都发生突变时才会出现。如果给定基因的两个拷贝不同，则后代为杂合子；反之，后代是纯合子。

脑突触 大脑的关键功能成分。脑突触是脑细胞（称为神经元）之间的接触点。大脑包含数十亿个神经元，每个神经元通过突触与数千个其他神经元相连。人类大脑可能包含多达100万亿个突触。一些突触刺激周围细胞，而另一些则抑制周围细胞。突触的变化对大脑的学习和记忆能力很重要。

昼夜节律 生命活动以24小时左右为周期的变动。24小时的节律是由生物体内的生物钟设定的，生物钟受环境条件影响。

血红蛋白 含铁的蛋白质，负责在红细胞中运输氧气。血红蛋白将氧气从肺或鳃输送到身体组织。血红蛋白基因突变可导致镰状细胞病和地中海贫血症等疾病。

同源异形基因 一组相似的基因，负责调控整个胚胎形体。同源蛋白质决定胚胎体节的结构，如苍蝇的腿、翅膀和人类的脊椎。同源异形基因的突变会导致身体部位生长在错误的位置。在许多动物体内，同源异形基因在染色体上的排列顺序与它们沿着胚胎前后轴表达的顺序一致[称为共线性（collinearity）]。

HPV（人乳头瘤病毒）与宫颈癌 HPV是一种与宫颈癌和生殖器疣有关的病毒。它可以引起典型的性传播疾病。HPV是癌症最重要的致病原因之一，约5%的癌症确诊病例与该病毒有关。在HPV诱发的癌症中，病毒DNA可以整合到宿主细胞的DNA中，从而破坏控制正常细胞生长和分裂的机制。

免疫 身体抵抗感染和疾病的生物防线。免疫系统包括两个组成部分：先天性免疫系统和适应性免疫系统。前者识别异物并做出反应，而后者涉及清除病原体的淋巴细胞系统。

免疫缺陷 免疫系统无法抵抗感染的现象。它可能是由外部因素（包括病毒感染和营养不良等）引起的，但有些人的免疫系统天生就存在缺陷，他们更容易受到感染。重症联合免疫缺陷病是其中一种极端病症，同时影响T淋巴细胞和B淋巴细胞。

淋巴细胞 脊椎动物免疫系统中的白细胞。淋巴细胞有不同的类型，包括自然杀伤细胞（natural killer cells，简称NK细胞，可以杀死外来细胞和癌细胞）、T细胞（也可以杀死细胞）和B细胞（产生抗体）。

在线人类孟德尔遗传数据库（OMIM） 有关人类基因、遗传病及性状的数据库，免费提供关于孟德尔病和15000多个基因的信息。它特别关注表型和基因型之间的关系。

SNP（单核苷酸多态性） 由单个核苷酸在基因组中特定位置的变异引起的DNA序列多态性。在每个群体中，各种变异均存在，但程度各异。SNP会导致许多疾病，尤其是当影响蛋白质结构和功能的变异体出现时更为明显。

性别

30秒探索基因密码

从细菌到动植物，许多不同的生物体都存在性别之分。大多数物种以两种不同的形式存在，即我们所说的两性。即便是在细菌中，性别的概念和更复杂的生物体的性别概念其实也是类似的。不同性别的生物体产生配子：雄性产生精子，雌性产生卵子。它们承载了每个亲代传递给子代的遗传信息。精子和卵子融合产生受精卵，受精卵将发育成完整的生物体。为了保持一个物种内亲子代的染色体数量恒定不变，每个配子必须携带亲代一半的DNA。DNA数量减少的过程称为减数分裂。生物体的性别通常是由基因决定的。然而，有许多生物的性别是由环境条件决定的。在其他情况下，同一生物体可以先是雄性，然后是雌性，也可能与此相反。有些甚至可以既是雄性又是雌性。后面这种现象被称为雌雄同体。大多数雌性哺乳动物通常有两条X染色体，而雄性则有XY染色体。Y染色体携带决定性别为雄性的基因。对于其他动物，如鸟类，雌性具有ZW染色体，而雄性具有ZZ染色体。

相关话题
另见
人类Y染色体 第42页
细胞分裂 第50页
X染色体失活 第84页

3秒钟人物
奥古斯特·魏斯曼
August Weismann
1834—1914
德国进化生物学家，1889年提出兄弟姐妹之间的差异是由性别的演变导致的。

克拉伦斯·欧文·麦克朗
Clarence Erwin McClung
1870—1946
美国生物学家，发现染色体在性别决定中的作用。

本文作者
赖纳·贝蒂亚

3秒钟速览
性别之分使有性繁殖成为可能，增加了遗传变异，因为卵子和精子携带来自基因不同的亲体的互补信息。

3分钟思考
性别之分可能是由能够产生雄性和雌性配子的雌雄同体生物进化而来的。这种分离导致了性别特化——每个性别只产生一种类型的配子。通过混合双亲的遗传物质来帮助传播有利突变的基因组合，是有性生殖的驱动力，有助于生物体面对不断变化的环境。

作为人类，如果我们出生时携带两条X染色体，就被确定为女性；如果我们携带一条X染色体和一条Y染色体，就被确定为男性。

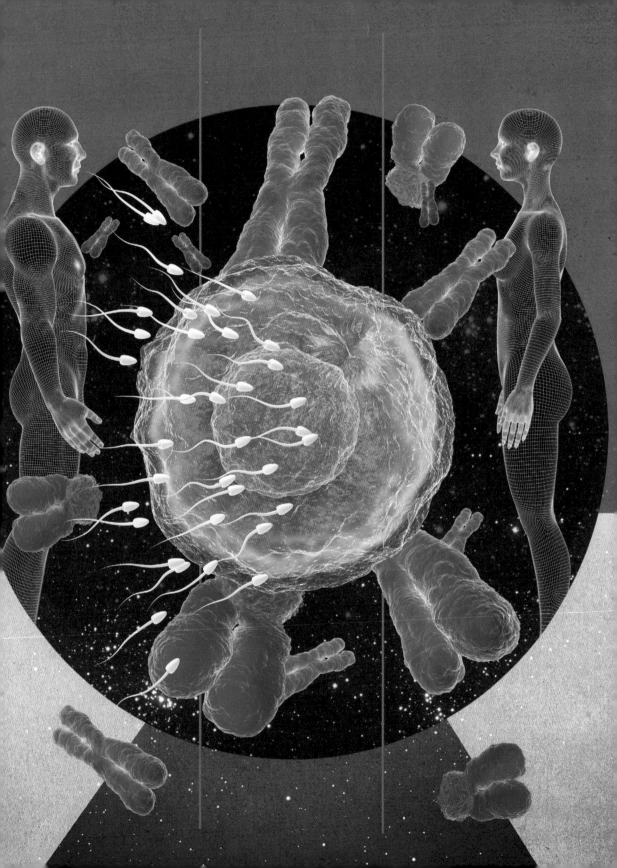

发育遗传学

30秒探索基因密码

一个简单的卵细胞是如何转变成由神经元、血细胞和皮肤细胞等多种细胞组成的复杂有机体的？发育生物学家对这个问题投入了大量精力，发现我们基因组内的基因正是答案的一部分。生物体的基因库是在受精时建立的，除极少数例外，它是不会随着时间的推移而改变的。因此，我们体内的所有细胞都携带同一组基因。但是，细胞怎么会如此天差地别呢？细胞的不同之处在于基因活性的差异，例如，血红蛋白基因在红细胞中被激活，而感光基因在视网膜神经元中被激活。发育遗传学是研究基因如何打开和关闭以控制生物体的生长和发育的一门学科。在哺乳动物胚胎发育过程中，同源异形基因在一组特殊的细胞中被激活，将它们转化为颈细胞。这些细胞中的一部分会变成神经元，另一部分会变成肌肉或脊椎，这取决于它们打开或关闭了哪些基因。细胞是否能打开基因取决于其位置、内部状态和接收到的外部信号。

相关话题
另见
达尔文与《物种起源》
　第18页
性别　第98页
行为遗传学　第102页

3秒钟人物
克里斯蒂安娜·尼斯莱因-
福尔哈德
Christiane Nüsslein-
Volhard
1942—
德国生物学家，因研究控制果蝇发育的基因而与爱德华·刘易斯（Edward Lewis）和艾瑞克·威斯乔斯（Eric Wieschaus）共同获得1995年诺贝尔生理学或医学奖。

肖恩·B.卡罗尔
Sean B. Carroll
1960—
美国生物学家，认为形态进化主要是因基因表达的变化而产生的。

本文作者
维尔日妮·库尔捷-奥尔格格索

在发育过程中，生物体必须打开或关闭正确的基因才能形成各种细胞和器官。

3分钟思考
某些基因（称为"同源异形基因"）的表达呈条纹状，从我们的头一直延伸到脚，决定我们身体前前后后各个部位。令人惊讶的是，无论是人类也好，老鼠、苍蝇也罢，这些基因在确定相应身体部位时都非常重要。

行为遗传学

30秒探索基因密码

3秒钟速览

遗传变异影响行为变异，但关于遗传对人类行为变异的程度和机制的影响，我们的认识还十分有限。

3分钟思考

全基因组关联分析试图在一个变异体和一个性状之间建立统计学上显著的关联。这些研究可以确定基因组中含有影响人类行为的遗传变异体的区域。对于像精神分裂症这样复杂的行为异常，与之相关的变异体多达数百个。识别变异体附近影响人类行为的基因是我们面临的下一个挑战，也是最困难的挑战。

对果蝇的研究首次揭示了遗传变异对行为的影响。遗传变异产生具有异常功能的蛋白质，扰乱了正常的行为反应。例如，研究人员在研究昼夜循环的过程中发现了能改变生物钟功能的突变。研究人员还发现了会破坏脑突触、影响学习和记忆的突变。果蝇的突变甚至与求偶和交配行为有关。对人类的行为遗传学进行研究特别具有挑战性，因为影响人类行为的环境因素有很多。针对同卵双胞胎和异卵双胞胎的对照研究可以揭示遗传可能造成的影响。研究可确定双胞胎的一致性，即双胞胎具有同一性状的概率。与异卵双胞胎相比，同卵双胞胎的一致性较高，这证明人类行为受遗传的影响更大。通过研究双胞胎在自闭症、抑郁症和精神分裂症上的一致性发现，同卵双胞胎同时患病的概率为30%至70%，异卵双胞胎的为5%至15%。这些结果也意味着遗传具有相对较大的影响。这种影响可能涉及许多基因，而每个基因产生的影响都相对较小。

相关话题

另见

突变与多态性 第68页
基因与环境 第78页
双胞胎 第92页

3秒钟人物

弗朗西斯·高尔顿
Francis Galton
1822—1911

英国思想家，他的成功主要取决于遗传因素的观点引发了优生学运动，此项运动如今已不得人心。

李·埃尔曼
Lee Ehrman
1935—

美国遗传学家，描述了果蝇的基因型和成功繁殖之间的关系，为行为遗传学的研究铺平了道路。

本文作者

马克·桑德斯

个体基因如何影响复杂的行为特征，这仍然是个谜。

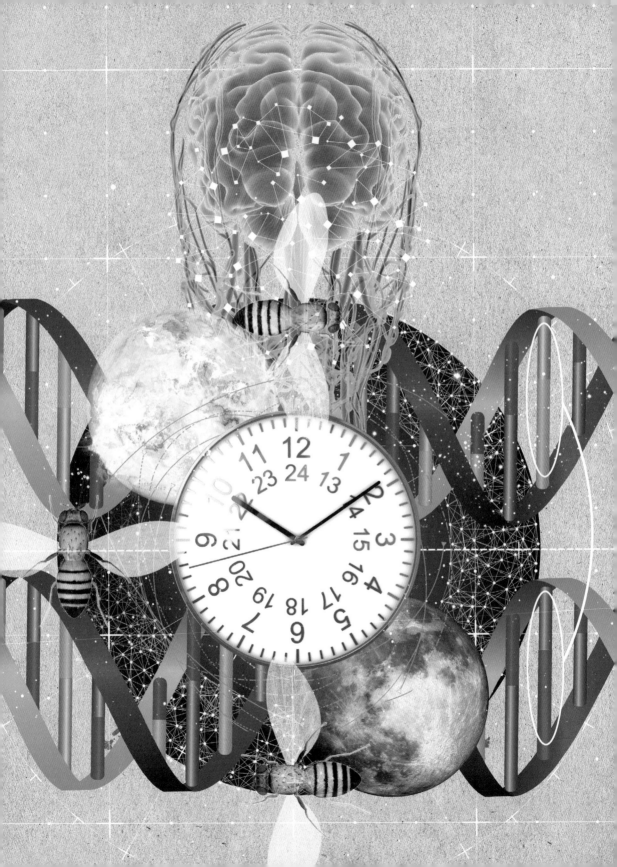

显性遗传病和隐性遗传病

30秒探索基因密码

3秒钟速览
由常染色体或X染色体上的单个基因突变引起的遗传病的遗传规律符合格雷戈尔·孟德尔和后续研究者的描述。

3分钟思考
人类基因中致病的突变是相对罕见的。如果突变体等位基因的出现频率呈现多态性，这很可能是由自然选择造成的。例如，威胁生命的镰刀状细胞病是由隐性纯合子（aa）导致的。然而，在疟疾高发的环境中，基因型为杂合子（Aa）的个体抵抗疾病的能力比基因型为纯合子（AA）的个体更强。自然选择使种群中的等位基因A和a都得以保留。

超过10000种人类遗传病是由单个基因的突变引起的，这些疾病被称作"孟德尔病"，因为它们的遗传遵循格雷戈尔·孟德尔首次描述的遗传定律。许多遗传病是通过常染色体上的基因突变遗传给下一代的，常染色体是人体中编号为1至22的染色体对。常染色体基因要么为纯合子（例如AA和aa），要么为杂合子（例如Aa）。常染色体遗传病是由显性致病基因引起的，一个等位基因的突变就足以致病。当一个等位基因的两个拷贝都携带突变基因时，就会引发常染色体隐性遗传病。一些遗传病也是由X染色体上的基因突变引起的。女性有两条X染色体，要么是纯合子，要么是杂合子。X连锁显性遗传病是由任意一条X染色体上等位基因的突变引起的。X连锁隐性遗传病在女性的两条X染色体上各有两个突变体等位基因时产生。相比之下，男性只有一条X染色体，该染色体表达与他携带的X连锁等位基因对应的性状。因此，无论X连锁突变体等位基因是隐性的还是显性的，携带突变体等位基因的男性都会患病。

相关主题
另见
孟德尔遗传定律 第16页
DNA携带遗传信息 第20页
突变与多态性 第68页

3秒钟人物
托马斯·亨特·摩尔根
Thomas Hunt Morgan
1866—1945
美国遗传学家，根据孟德尔遗传定律描述了X染色体上基因的遗传。

维克托·麦库西克
Victor Mckusick
1921—2008
美国医生、人类遗传学家，曾编写人类遗传病目录，该目录后发展为在线人类孟德尔遗传数据库。

本文作者
马克·桑德斯

基因突变可导致成千上万种不同的疾病。

1857 年
出生于英国伦敦

1880 年
毕业于牛津大学自然科学专业

1885 年
获牛津大学医学学士学位

1899 年
分配至英国大奥蒙德街儿童医院任内科医生

1902 年
发表《尿黑酸尿症发病率：一项关于化学特性的研究 》（ *The Incidence of Alkaptonuria: a Study in Chemical Individuality* ）

1908 年
在英国伦敦皇家内科医学院担任克鲁尼安讲座主讲，主题为"遗传性代谢缺陷"

1910 年
当选为英国皇家学会会员

1914 年至 1918 年
在第一次世界大战期间担任地中海部队的临床医生（直到 1919 年）

1918 年
获得骑士爵位

1920 年
成为牛津大学医学荣誉教授

1926 年至 1928 年
任英国皇家学会副会长

1935 年
获颁英国皇家医学会金质奖章

1936 年
在英国剑桥因心脏病发作去世

阿奇博尔德 · 加罗德

ARCHIBALD GARROD

阿奇博尔德·加罗德是研究天才。大概他生来就注定要从事生物医学研究：他的哥哥艾尔弗雷德·亨利（Alfred Henry）是一名动物学家，他的父亲是大名鼎鼎的医生艾尔弗雷德·巴林·加罗德（Alfred Baring Garrod）——发现了尿酸代谢和痛风之间的联系，并开创了类风湿关节炎研究。在牛津大学学习医学后，加罗德开始了他的医学研究，探索了罕见的疾病，如尿黑酸尿症，一种尿液颜色变黑的先天性疾病。他收集了患者的尿液样本和家族病史资料。受同事威廉·贝特森和对孟德尔遗传观的新认识的影响，加罗德提出了一个假设：他称之为"化学特性"的代谢变异可以解释这些罕见的疾病。1902年，他在《尿黑酸尿症发病率：一项关于化学特性的研究》一书中发表了他的研究成果，该书提出了人类隐性遗传的第一个案例。他的新概念增加了人们对遗传性代谢缺陷的认识，并开创了一个新学科——医学遗传学。

1908年，加罗德作为克鲁尼安讲座主讲，在英国伦敦皇家内科医学院做了主题为"遗传性代谢缺陷"的讲座，该讲座被认为是生物化学、遗传学和医学史上的一个里程碑。他用格雷戈尔·孟德尔的基因分离定律来解释人类性状和疾病的传播，如尿黑酸尿症、白化病、胱氨酸尿症和戊糖尿症[有时被统称为"加罗德四

联症"（Garrod's tetrad）]。他的新概念并没有立即引起医生们的注意，因为医生们对罕见的遗传性状不感兴趣，至于遗传学家，他们内部又有生物统计学家和孟德尔学家之分。

加罗德主张在医学中融入基础研究的成果。加罗德与内科医生、医学教育家威廉·奥斯勒（William Osler）爵士共同推进了一种新型医学杂志的出版，以记录没有直接临床应用的基础研究。

医学遗传学的进步更多地归功于加罗德作为研究者的好奇心，而不是他作为医生的敏感性。有人说，他在病床前仅仅表现出了对患者尿液样本的兴趣。但他对患者家族病史及尿液样本的细致分析为我们了解遗传病做出了卓越贡献。现如今，我们已经确定了产生4800多种孟德尔性状的多种原因。多亏了阿奇博尔德·加罗德，医生和基础遗传学研究人员正在探究在遗传学、表观遗传学和环境因素的相互作用下，"化学特性"会受到怎样的影响，以期寻求遗传病的新疗法。

托马·布尔热龙
Thomas Bourgeron

基因与免疫缺陷

30秒探索基因密码

3秒钟速览

由单一基因控制的免疫缺陷病有许多种，但并不常见。这些疾病可能使人们容易受到感染，患上自身免疫性疾病、炎症性疾病、过敏、癌症等。

3分钟思考

研究导致免疫缺陷的分子缺陷也可以告诉我们免疫系统是如何运作的，并找出免疫系统中保护我们免受感染的部分。其中一个例子是制造抗体所需的活化诱导的胞苷脱氨酶。另一个例子是，会对γ干扰素生成造成不利影响的遗传缺陷也会使得个体易于遭受分枝杆菌感染。

遗传学家已经发现了在免疫系统疾病中发生突变的300个基因。每3000～4000例活产中存在1例这样的突变。很大比例的突变个体表现出免疫缺陷的临床症状，这突出了这些基因在免疫功能中的关键作用。免疫缺陷病使患者容易遭受感染、自身免疫（机体对自身的健康细胞和组织发起免疫应答）、炎症、过敏和癌症等的折磨。一些患者，如重症联合免疫缺陷病患者容易受到多种微生物的影响，而另一些患者的易感性范围却出奇地窄。这可能会影响免疫，包括先天性和适应性免疫的方方面面，尽管免疫缺陷病经常对适应性免疫造成影响。最常见的遗传缺陷影响B淋巴细胞产生抗体，其次是涉及T淋巴细胞和吞噬细胞的缺陷。这些疾病的早期诊断对恰当的治疗非常重要，治疗手段可能包括蛋白质替代、细胞替代、基因治疗以及对炎症和自身免疫的靶向调节等。

相关主题

另见

显性遗传病和隐性遗传病 第104页
癌症的遗传学 第112页

3秒钟人物

罗伯特·安德森·奥尔德里奇
Robert Anderson Aldrich
1917—1998

美国儿科医生，证明了艾尔弗雷德·威斯科特（Alfred Wiskott）于1937年首次发现的一种免疫缺陷综合征是伴X染色体遗传的。后人称之为威斯科特–奥尔德里奇综合征。

罗伯特·A. 古德
Robert A. Good
1922—2003

美国医生，被认为是现代免疫学的创始人，领导其团队在1968年首次成功完成骨髓移植。

本文作者

阿兰·菲舍尔

遗传缺陷会影响免疫系统的多种细胞类型。

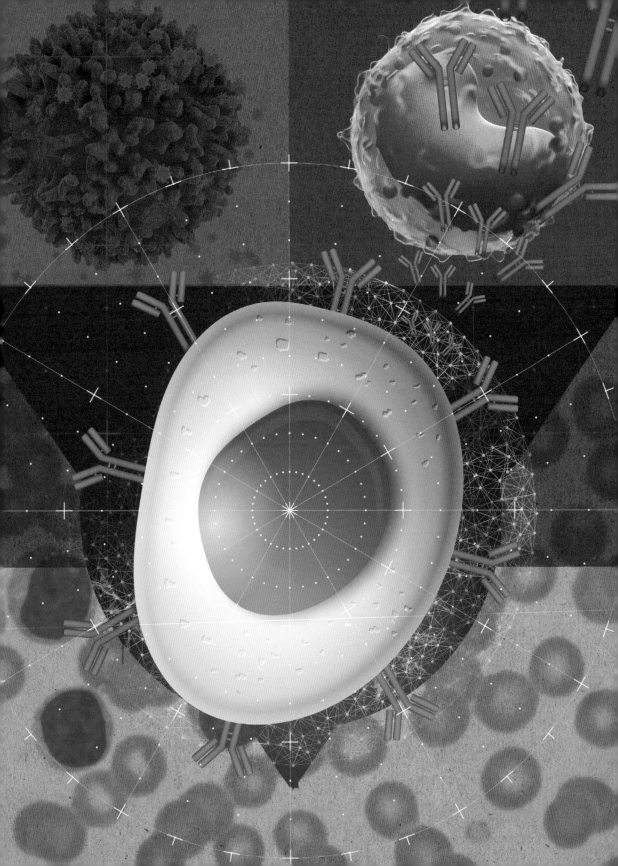

自闭症的遗传学

30秒探索基因密码

3秒钟速览

遗传因素对自闭症的影响因人而异，大多数自闭症风险基因调节着大脑的连通性。

3分钟思考

从没有语言技能的人到具有高度认知能力的阿斯佩格综合征患者都会受到自闭症的影响。我们关于自闭症遗传学的大部分知识来自对由单一基因控制的自闭症的研究。携带这些突变的小鼠进行社交和发出超声波的方式都和一般小鼠的不同。神经生物学研究表明，突触可塑性——突触对环境刺激做出反应的特性——也是自闭症患者与常人不同的一个方面。

自闭症影响着世界上超过1%的人口。自闭症患者的社交和沟通技能异于常人，他们兴趣有限，并且表现出重复性行为。自闭症不是一种独立的疾病，它是一种谱系障碍。自闭症很少单独出现，患者通常伴有其他精神疾病和生理疾病，包括精神发育迟缓、癫痫、睡眠障碍和胃肠道问题等。目前人们已经鉴定出100多个自闭症的风险基因。对某些个体来说，单一的突变就足以发展成自闭症（特别是对同时患有自闭症和精神发育迟缓的个体而言）。相比之下，某些个体的基因结构更为复杂，涉及1000多种基因变异，每种变异的影响都很小，这进一步增加了个体患自闭症的风险。许多风险基因对调节神经元之间的连接（突触）具有关键作用。这些基因中的任何一种发生变化都会增加或减少脑突触的数量和强度，并最终影响大脑内部的连通性。目前关于自闭症的研究正在探索这些基因在大脑发育中的作用。这方面的知识将有助于提高自闭症的诊断水平，提升人们对自闭症患者的关注，让他们更好地融入社会。

相关话题

另见

显性遗传病和隐性遗传病
  第104页

基因与免疫缺陷 第108页

3秒钟人物

莱奥·坎纳
Leo Kanner
1894—1981

奥地利裔美籍精神病医生、内科医生，公布了第一批自闭症患者的病例。

汉斯·阿斯佩格
Hans Asperger
1906—1980

奥地利儿科医生，报告了第一批阿斯佩格综合征患者。

本文作者

托马·布尔热龙

自闭症是一种复杂的谱系障碍，可能涉及许多基因。通常，这些基因负责管理脑突触之间的连接。

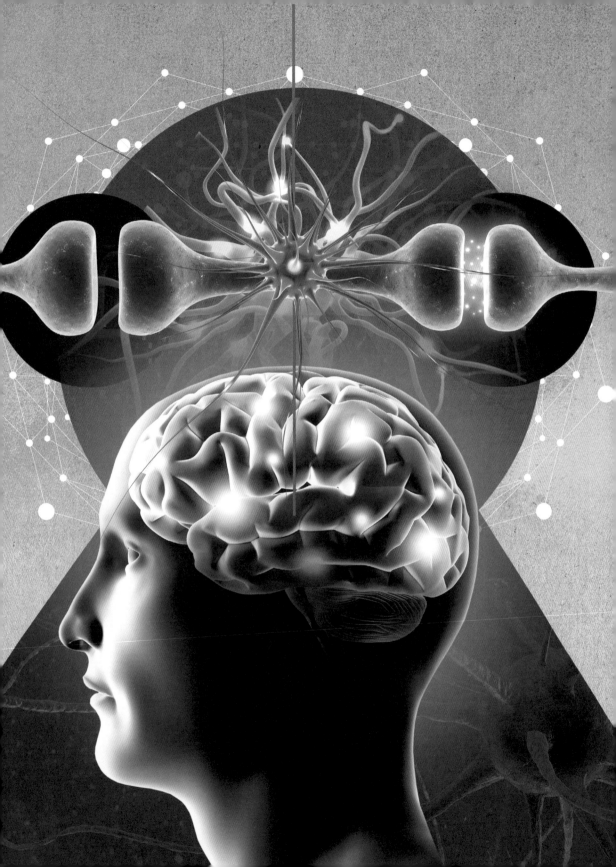

癌症的遗传学

30秒探索基因密码

3秒钟速览
癌症可能会影响我们每个人，老少贫富概莫能外。

3分钟思考
虽然有些癌症是遗传性的，但大多数癌症是由个体一生中发生的基因变化引起的。多达20%的癌症可能是由感染导致的。专家预测，通过减少吸烟、选择更健康的生活方式以及提升抗病毒免疫力，30%以上的癌症是可以预防的。癌症遗传学教会了我们很多关于正常细胞如何分裂和生长的知识。

癌症是一种可怕的疾病，也是全世界人类主要的死亡原因之一。当体内的正常细胞无法控制其细胞周期，导致细胞不停分裂并不断在全身扩散时，癌症便出现了。快速分裂的癌细胞可以形成肿瘤：良性肿瘤细胞不会扩散，而恶性肿瘤细胞可以侵入其他组织[这一过程称为转移（metastasis）]。癌症通常是由控制细胞生长和分裂的基因的变化引起的。有一类遗传性癌症综合征，称为胚系突变，其中的基因变化是从父母那里遗传的，可以传给下一代。但大多数癌症都是由生命过程中的基因变化造成的。这些变化被称为体细胞突变，可能是由细胞分裂过程中的错误或暴露于化学物质（如烟草烟雾）、辐射（如紫外线）等中造成的。癌症突变可以激活推动细胞分裂的基因（称为癌基因），也可以使阻止细胞生长的基因（称为肿瘤抑制基因）失活。了解肿瘤中哪些基因受到影响能够帮助医生为癌症患者量身定制治疗方案。遗传信息还可以用于预测其他家庭成员的患癌风险。

相关话题
另见
细胞周期 第48页
突变与多态性 第68页
DNA损伤与修复 第70页

3秒钟人物
西奥多·勃法瑞
Theodor Boveri
1862—1915
德国生物学家，首先提出了导致癌症的细胞过程。

艾尔弗雷德·乔治·克努森
Alfred George Knudson
1922—2016
美国内科医生，最早提出突变累积如何导致癌症的假说。

哈拉尔德·楚尔·豪森
Harald Zur Hausen
1936—
德国病毒学家，诺贝尔奖得主，发现HPV可导致宫颈癌。

本文作者
乔纳森·韦茨曼

了解相关基因是癌症治疗的关键。

技术手段与实验方法 ◑

术语

等位基因 由DNA序列或基因突变导致的基因的替代变体。等位基因可以是隐性的，也可以是显性的，两个隐性等位基因才能决定生物性状，而一个显性等位基因就足以决定生物性状。

细胞凋亡 多细胞生物中发生的程序性细胞死亡的一种形式。这是一个受到高度调控的过程，涉及导致细胞死亡的生化事件。细胞凋亡对细胞发育很重要。胚胎内部和儿童体内每天死亡的细胞达数十亿个。细胞凋亡能够帮助机体移除受损的细胞。

染色体对 携带基因和遗传信息的长串DNA。在真核细胞（有明显的细胞核）中，染色体位于细胞核内，由DNA、一些RNA和蛋白质组成。常染色体是除了性染色体（X染色体和Y染色体）以外的染色体。常染色体成对存在，每对中的两条染色体都携带相同的基因。

囊性纤维化 主要影响肺部（以及其他一些组织）的遗传病。患者呼吸困难，经常发生肺部感染。囊性纤维化属于常染色体隐性遗传病。父母双方有可能携带隐性基因，因为他们各自只有一个变异的囊性纤维化跨膜传导调节蛋白（CFTR）的基因拷贝，而患者有两个变异拷贝，一个来自父亲，一个来自母亲。

DNA标记 染色体上已知位置的基因或DNA序列，用于识别个体或物种。

DNA微阵列 同时检测多个基因表达水平或研究基因组多个区域的微型技术；将特定的DNA片段用作探针，在固体表面上进行标记，然后对DNA或RNA样本进行检测，以确定它们黏附（或杂交）的位置。DNA微阵列有时被称为"DNA芯片"。

DNA聚合酶 以DNA为模板将核苷酸（DNA的组成部分）催化为DNA的酶。细胞在分裂前利用DNA聚合酶复制基因组。研究人员利用DNA聚合酶复制DNA片段来进行克隆实验。

DNA测序 用于确定DNA分子中核苷酸的准确顺序的技术。最初的DNA测序方法耗时且费力，而现代DNA测序实现了自动化，短时间内即可完成。DNA测序现在广泛应用于医学诊断、生物技术和法医学。

真核生物 由一个或多个细胞组成的生物体，有明显的细胞核和细胞质。没有细胞核的生物被称为原核生物，比如细菌。

反馈回路 一种自动调节系统，通过路径的输出来调节初始过程，从而形成回路或环。反馈回路可以是负的，也可以是正的，既可以抑制信号，也可以增强信号。

基因组 生物体或细胞中的全套遗传物质。基因组学是对生物体基因组进行研究的一门学科，主要关注其进化、功能和结构。

核苷酸 核苷酸是DNA及RNA的基本组成单位，许多核苷酸聚合成核酸。碱基是核苷酸的组成物质之一。在DNA中有4种碱基[胸腺嘧啶（T）、胞嘧啶（C）、鸟嘌呤（G）和腺嘌呤（A）]，在RNA中也有4种[尿嘧啶（U）、C、G和A]。DNA中的碱基可以配对：A与T配对，C与G配对。

重组频率 用于测量两个基因座之间的遗传距离，以创建遗传连锁图谱。重组频率指减数分裂过程中两个基因之间的单个染色体交叉事件发生的频率。

SNP（单核苷酸多态性） 由单个核苷酸在基因组中特定位置的变异引起的DNA序列多态性。在每个群体中，各种变异均存在，但程度各异。SNP会导致许多疾病，尤其是当影响蛋白质结构和功能的变异体出现时更为明显。

模式生物

30秒探索基因密码

我们可以通过研究几乎任何物种来获取很多遗传学知识。对非人类物种的研究可以作为理解其他生物体发育的模型，也有助于探索人类生理学和疾病的潜在机制。之所以选择模式生物是因为它们易于在实验室中培育和繁殖。它们中有些生物的生命周期特别短，因此研究人员可以在短时间内研究好几代。研究人员也会选择具有易于测量的特征（如体型和寿命等）的模式生物。如今的实验室里有许多模式生物。最初被用作模式生物的有大肠杆菌，它被用来破译基因调控的基本机制。单细胞生物，例如有着“面包酵母”之称的酿酒酵母，帮助科学家了解了遗传学和细胞生物学。控制细胞周期的人类蛋白质甚至可以取代酵母中的蛋白质。黑腹果蝇对于研究生物体的发育过程非常重要。秀丽新小杆线虫告诉了我们细胞如何完成保守的程序性死亡。会发生特定基因突变的小鼠是研究人类疾病的有用的模式生物。

3秒钟速览

人类以外的物种是探索基因功能的无价之宝。

3分钟思考

研究人员利用模式生物进行基因筛选，寻找影响特定表型的基因。实验也可以换一种方式进行，先在实验室中创造转基因模式生物，再观察修饰后基因的表型效应。后者被称为“反求遗传学”（reverse genetics）。在物种间，基因突变的结果和生物学机制通常是保守的。

相关话题

另见

基因型与表型 第62页
转基因生物 第146页

3秒钟人物

托马斯·亨特·摩尔根
Thomas Hunt Morgan
1866—1945

美国遗传学家，他用黑腹果蝇证明了基因位于染色体上。

悉尼·布伦纳
Sydney Brenner
1927—2019

出生于南非的生物学家，提出用线虫作为研究神经元发育的模式生物。

保罗·马克西姆·纳斯
Paul Maxime Nurse
1949—

英国遗传学家，证明从酵母到人类控制细胞分裂的基因都是保守的。

本文作者

乔纳森·韦茨曼

某些种类的果蝇、青蛙和蠕虫被用作模式生物。

遗传指纹

30秒探索基因密码

相关话题
另见
孟德尔遗传定律 第16页
突变与多态性 第68页

3秒钟人物
亚历克·杰弗里斯
Alec Jeffreys
1950—
英国遗传学家，发明了第一种遗传指纹识别方法，并将其应用于有争议的亲子关系案件及犯罪现场生物材料的分析。

彼得·诺伊费尔德
Peter Neufeld
1950—
巴里·舍克
Barry Scheck
1949—
美国律师，创立了"无罪计划"（Innocence Project），该计划致力于运用遗传指纹技术为被误判的人平反。

本文作者
马克·桑德斯

3秒钟速览
通过分析一些具有特定特征的基因，可以生成独特的遗传指纹，这可用于亲子鉴定、犯罪现场分析和遗骸鉴定等。

3分钟思考
英国遗传学家亚历克·杰弗里斯在20世纪80年代首次认识到遗传指纹技术的潜力——在亲子关系有争议的案件中做出证明；确定强奸犯和谋杀案的凶手。人们把杰弗里斯原创的方法发扬光大，对许多基因进行标准化和可重复的遗传分析。当前，在全世界范围内，遗传指纹技术被广泛应用于个人基因鉴定。

我们每个人的指纹都是独一无二的，DNA亦然。就像犯罪现场的侦探一样，遗传学家使用不同类型的多态DNA序列来获取人类和其他动物的遗传指纹。遗传指纹分析中使用的DNA序列是经过仔细选择的，以确保每个基因中都有许多等位基因，并且所有种群的所有等位基因的频率都是已知的。每个被选择的基因都携带一个来自父亲的等位基因和一个来自母亲的等位基因。在有争议的案件中，遗传指纹被用来鉴定亲子关系。任何不是遗传自母亲的等位基因都一定来自父亲。这意味着当检测父亲的基因型时，孩子携带的任何不是来自母亲的等位基因，一定存在于父亲的基因型中。遗传指纹可以识别人类或其他动物的遗骸，或者从犯罪现场收集的生物材料。法医确定每个指纹基因的基因型，然后通过将基因型频率相乘，计算出一个人携带所有测试基因的特定基因型的概率。这个比例通常很小，实际上世界上拥有一组特定的遗传指纹基因型的只有一个人。

遗传指纹有很多用途，包括确定亲子关系。

基因检测

30秒探索基因密码

基因检测可检测基因突变或血液蛋白异常，它们可能导致遗传病。基因检测面向各个年龄段，检测原因不尽相同。自20世纪70年代以来，这一直是临床上使用的一种常规检测方法。产前基因检测通常检查DNA或染色体，以发现突变。染色体分析旨在寻找额外或缺失的染色体或染色体片段。新生儿基因检测检查婴儿出生后第一天采集的血液，筛查大约50种罕见但可治疗的遗传病。对于某些新生儿遗传病来说，饮食和药物治疗是可以预防疾病或缓解病情的。医生通过临床观察老年患者发现可疑病征后，可以通过对患者进行基因检测加以证实。基因检测还可识别一个人携带的突变或者基因突变的杂合携带者。理想情况下，基因检测可以在任何疾病症状出现之前确定携带致病突变的风险人群。例如，通过对增加某些癌症风险的突变进行基因检测，医生可以调整治疗方案。如今，一些个性化的基因公司提供直接面向消费者的基因检测。

相关话题
另见
突变与多态性　第68页
显性遗传病和隐性遗传病
　第104页
个人基因组学及个性化医疗
　第140页

3秒钟速览
基因检测旨在识别与遗传病相关的基因突变、血液蛋白异常和染色体变化等。

3分钟思考
基因检测可以检查出蛋白质、染色体和基因的异常，但检测结果必须由专家解读，并向患者或患者家属仔细解释。在新生儿中发现的一些遗传病可以立即得到治疗。在某些情况下，突变检测和临床疾病诊断可能需要其他家庭成员配合，从而确定他们是否携带相同的突变。识别与癌症风险相关的突变提供了密切监测疾病发展的机会。

3秒钟人物
罗伯特·格思里
Robert Guthrie
1916—1995
美国微生物学家，设计了格思里试验——一种针对新生儿的试验，用于检测一种被称为苯丙酮尿症的可治疗的遗传病。

弗朗西斯·柯林斯
Francis Collins
1950—
美国遗传学家，人类基因组计划前负责人，为我们理解遗传病做出了许多贡献。

本文作者
马克·桑德斯

对胎儿和新生儿的检测可以筛查遗传病。

基因图谱

30秒探索基因密码

3秒钟速览
基因图谱展示了染色体上基因的顺序以及基因之间的距离。

3分钟思考
传统观点认为，基因是影响物理性状的遗传单位。但是许多不同的DNA片段也可以是基因。例如，人类基因组包含了数百万个位点，在这些位点上，不同个体之间会出现单碱基对变异。这些变异是可遗传的，就像控制物理性状的基因一样。它们在生成染色体的详细基因图谱上有着广泛的应用，并帮助把基因定位在这些图谱上。

地图是实用的导航工具，基因图谱则为基因在染色体上的排列提供了指南。若基因彼此相距甚远或位于不同的染色体上，则它们遵循孟德尔的独立分配定律。但是，同一条染色体上彼此相邻的基因在遗传上是相互联系的，不会分离。染色体上连锁基因的等位基因在遗传过程中也往往紧密联系在一起。只有当染色体对之间发生重组，造成连锁基因的等位基因重新排列时，这些等位基因才会分离。遗传学家确定了连锁基因的等位基因共同传播的频率以及它们的重组频率。一般来说，一对基因的重组频率越高，它们之间的距离就越远。距离越近的基因，重组频率越低。遗传学家使用重组频率来估计基因之间的距离和基因沿染色体排列的顺序。就像绘制公路沿线的城镇情况的地图时那样，基因图谱也是根据基因在染色体上的顺序和它们的距离绘制的。基因图谱在第一批基因组测序项目中发挥了关键作用。

相关话题
另见
孟德尔遗传定律 第16页
人类基因组计划 第30页
遗传指纹 第120页

3秒钟人物
托马斯·亨特·摩尔根
Thomas Hunt Morgan
1866—1945
美国遗传学家，率先提出遗传连锁假说。

艾尔弗雷德·斯特蒂文特
Alfred Sturtevant
1891—1970
美国遗传学家，绘制了第一张基因图谱。

本文作者
马克·桑德斯

和地图显示了关键地标的位置一样，基因图谱也显示了关键基因的位置。

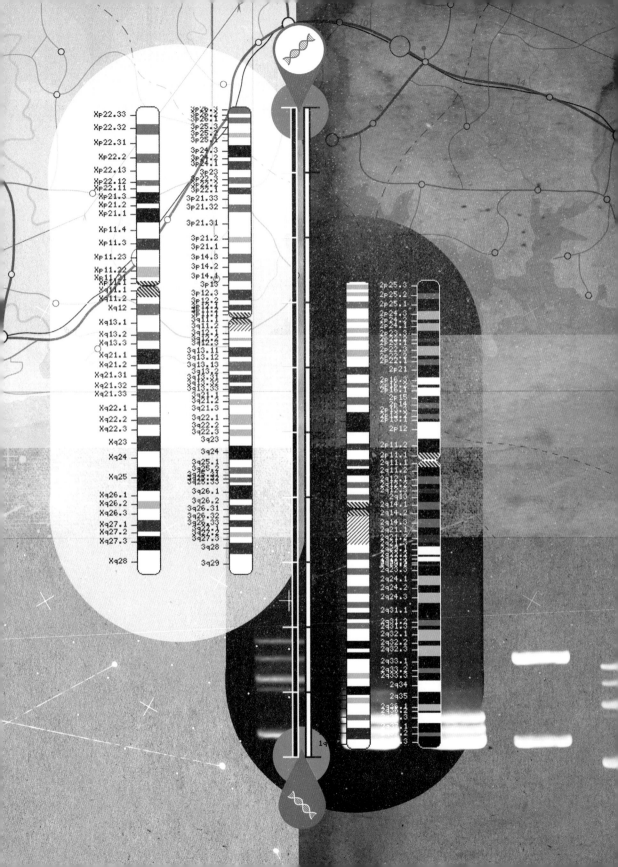

DNA 测序

30秒探索基因密码

3秒钟速览
DNA测序技术使研究人员能够确定DNA中碱基的顺序。

3分钟思考
如果你比较2个日本人以及1个日本人、1个挪威人之间的DNA序列,两对人之间的差异大约都为0.15%。第一对(日本人和日本人)的差异值可能稍低(比如0.14%),另一对(日本人和挪威人)的可能稍高(比如0.16%),但这两对都高度相似。我们在比较地理上分离的群体中的个体时,观察到的其他遗传变异也相对较少。

想象一下:有一个故事长达100万页,每页有3000个字。这就是你的DNA故事。DNA分子含有2条由被称为碱基的字母组成的长串。DNA的每个位置上有4种字母(A、T、G、C)中的1种。一个由4种字母组成的字母表看起来很简单,但你的DNA可是有60亿个字母呢。这些字母组成了许多控制你的性状的不同基因。DNA测序被称为分子生物学中最重要的工具。测序技术可以确定核苷酸在DNA上的顺序。数千名研究人员和临床医生对DNA进行测序,旨在研究基因是如何工作的,并了解字母的变化是如何导致疾病(如癌症和囊性纤维化)的。DNA测序还提供了有关选定群体中遗传变异水平的信息。2015年,研究人员对来自世界各地的2500多人的DNA进行了测序,并比较了他们的DNA的字母顺序。结果表明,从基因上讲,人类彼此极为相似。随机挑选2个毫不相干的人,他们的DNA序列只相差0.15%。换句话说,人类DNA序列的一致性高达99.85%。

相关话题
另见
双螺旋结构 第22页
人类基因组计划 第30页
突变与多态性 第68页

3秒钟人物
弗雷德里克·桑格
Frederick Sanger
1918—2013
英国生物化学家,发明了最早的DNA测序方法之一。1958年因在蛋白质结构方面的研究获得诺贝尔化学奖,1980年再度获得诺贝尔化学奖项。

沃尔特·吉尔伯特
Walter Gilbert
1932—
美国生物化学家,开创了DNA测序技术并推动了人类基因组计划。

本文作者
罗伯特·布鲁克

DNA测序确定了碱基A、T、G和C的准确顺序。

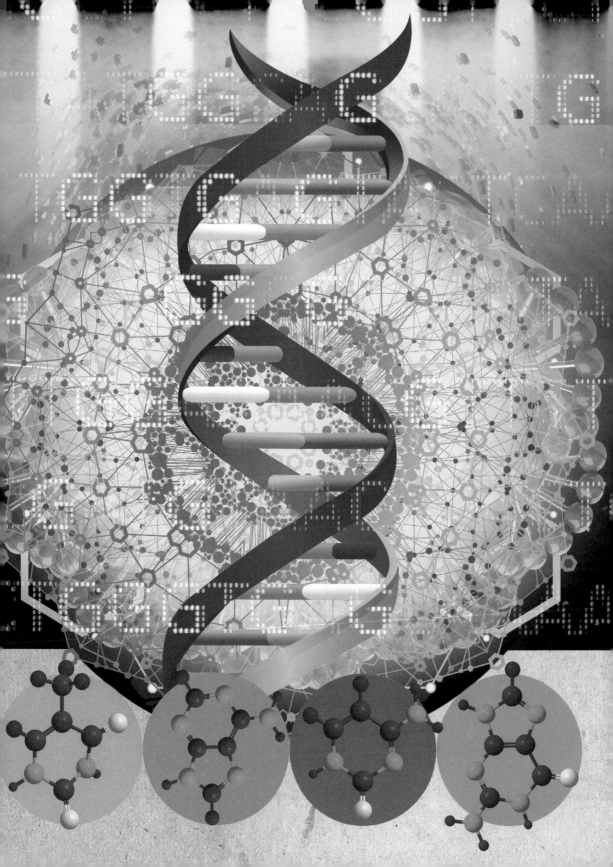

1910 年 2 月 9 日
出生于法国巴黎

1928 年
开始在索邦大学 [后更名
为巴黎大学（University
of Paris）] 学习生物学

1938 年
与考古学家、东方学家奥
黛 特 · 布 吕 尔（Odette
Bruhl）结婚

1941 年
获得索邦大学博士学位

1942 年至 1945 年
在第二次世界大战期间参
加法国抵抗运动，最终任
职总参谋长

1945 年至 1976 年
在法国巴斯德研究所工作，
在那里进行著名的基因调
控研究

1960 年
当选美国艺术与科学院外
籍荣誉院士

1965 年
获诺贝尔生理学或医学奖

1970 年
发表了论文《偶然性和必
然性：略论现代生物学
的自然哲学》（*Chance
and Necessity: An Es-
say on the Natural
Philosophy of Modern
Biology*）

1971 年
任巴斯德研究所所长

1976 年 5 月 31 日
因患白血病逝世，葬于里
维埃拉地区

雅克·莫诺

JACQUES MONOD

1910年，雅克·莫诺出生于巴黎，母亲是美国人，父亲是法国人。他的父亲名叫吕西安·莫诺（Lucien Monod），是一位画家，也是雅克的灵感源泉。

1928年，莫诺开始在索邦大学学习生物学，但他很快就意识到那里的生物学教育落后于当代生物学研究。他表示，在学校以外，他还从比自己大几岁的人那里学到了很多东西，这有助于他真正理解生物学。他于1931年获得理学学位，随后开始研究细菌生长，1937年又回到索邦大学继续开展研究，1941年获得博士学位。莫诺有着坚定的政治信念，在第二次世界大战期间，他积极参与法国抵抗运动，成为法国国际部队的作战总参谋长，并在盟军登陆前协调降落伞的投放。

第二次世界大战后，他加入了法国巴斯德研究所，在那里他发现了基因的调控机制，即基因是如何随着环境变化而"开启"和"关闭"的，他也因此声名远播。莫诺和他的同事弗朗索瓦·雅各布（François Jacob）研究了乳糖是如何在环境中调控细菌基因的。他们发现了一种关键的调控因子，称为"乳糖阻遏物"（lac repressor），当环境中缺少乳糖

时，它能够关闭利用乳糖的基因。由于这项工作，莫诺与弗朗索瓦·雅各布、安德烈·利沃夫（André Lwoff，研究病毒基因调控的同事）于1965年共同获得了诺贝尔生理学或医学奖。

莫诺还因提出以下假说而闻名：存在某种充当遗传信使的RNA，它可为从DNA到核糖体的蛋白质合成提供信息。他提出，这种RNA（他称之为"信使RNA"）是由DNA内的核苷酸序列转录而来的，然后指导特定多肽（蛋白质链）的合成。这个观点在对信使RNA分子进行分离和鉴定前就已经提出，非常了不起。

与此同时，莫诺还是一位颇有建树的音乐家、一位思想深刻的作家。1970年，他发表了哲学论文《偶然性和必然性：略论现代生物学的自然哲学》，讨论了进化过程以及酶反馈回路在解释复杂生物系统中的重要作用。莫诺表示，他相信科学的最终目的是"澄清人类与宇宙的关系"。

1971年，莫诺被任命为巴斯德研究所所长，此后他一直在那里工作，直到1976年因白血病去世。他被许多人视为分子生物学的创始人之一。

罗伯特·布鲁克

聚合酶链反应

30秒探索基因密码

相关话题
另见
遗传指纹 第120页
基因检测 第122页
克隆 第148页

3秒钟人物
阿瑟·科恩伯格
Arthur Kornberg
1918—2007
美国生物化学家，因发现DNA聚合酶而于1959年获得诺贝尔生理学或医学奖。

凯利·穆利斯
Kary Mullis
1944—2019
美国生物化学家，因开发聚合酶链反应技术而广受赞誉，并因此获得1993年的诺贝尔化学奖。

本文作者
罗伯特·布鲁克

3秒钟速览
聚合酶链反应是一种实验技术，可以在一个特定区域内复制DNA。

3分钟思考
之所以聚合酶链反应能够进行，是因为每条DNA链都含有序列信息，可以进行反向复制。聚合酶链反应在实验室中用于了解基因如何工作，识别致病突变，以及通过克隆将基因从一个物种传递到另一个物种，并为制药产业和生物技术产业创造转基因生物。聚合酶链反应甚至可以应用于犯罪调查（用于扩增从犯罪现场搜集的血迹或发根中的微量DNA样本）。

聚合酶链反应（poly merase chain reaction，PCR），指一种在试管中复制DNA的实验技术。该技术用于克隆基因，并对特定DNA片段进行多次复制。研究人员首先获取DNA样本，比如来自人类细胞的染色体上的DNA，然后添加短DNA序列[称为引物（primer）]，这些序列与它们想要复制的基因的两端结合。试管内还包含核苷酸（DNA的组成部分）和DNA聚合酶（连接核苷酸以形成DNA长链聚合物的酶）。DNA聚合酶通常是从生活在温泉中的细菌中分离出来的，可以在高温下发挥作用。聚合酶链反应包括三个步骤：首先，加热DNA样本，将DNA分成两条链；其次，随着温度的降低，引物与每条DNA链结合；最后，温度稍微升高，DNA聚合酶使用核苷酸在指定区域合成新的DNA链，从而使两个引物之间的DNA片段数量加倍。这三个步骤连续重复多次，因此该方法被称为链式反应。在短短几个小时内，聚合酶链反应可以将DNA数量增加10亿倍。

聚合酶链反应通过在特定温度下加热和冷却 DNA 链来启动链式反应。

全基因组关联分析

30秒探索基因密码

任意两个人相比，他们的DNA序列都有数十万种差异，这使得每个人都是独一无二的。然而，有些序列完全相同的DNA片段是由一群人共享的。DNA序列的大多数变异不会改变身高、体重等性状。但是有些DNA变异确实会对性状产生影响。全基因组关联分析（genome-wide association study，GWAS）利用个体之间的差异来描绘特定性状的遗传学原因。利用DNA微阵列技术，研究人员检测了人类基因组中的数十万种DNA变异。它们当中有很多只涉及一个特定位置的核苷酸的变异，称为SNP。SNP被用作DNA标记，因为它们可能位于负责特定性状的基因附近。例如，在比较不同身高的个体时，我们可能会观察到，在给定的位置上，矮个子的人拥有腺嘌呤，而高个子的人拥有鸟嘌呤。如果基因分析显示一个人有鸟嘌呤，那么他身材高大的可能性更大。全基因组关联分析将该原理应用于整个人类基因组，从而发现与性状和疾病相关的变异。

相关话题
另见
基因图谱 第124页
个人基因组学及个性化医疗
　第140页

3秒钟速览
全基因组关联分析利用了特定遗传标记与改变我们的性状的DNA变异的密切关联。

3分钟思考
全基因组关联分析测量数十万个基因组DNA标记与特定性状，如疾病易感性、身高、体重等之间的关联。通常，相关的DNA变异只能解释一小部分性状变异，例如1厘米的身高差或2.5%的疾病易感性差异。但微小的变异累积起来就会对性状产生显著影响。这类研究同样适用于植物和其他动物。

3秒钟人物
戴维·博特斯坦
David Botstein
1942—
美国生物学家，提出了一种绘制基因图谱的方法，为关联分析铺平了道路。

埃里克·兰德
Eric Lander
1957—
美国遗传学家，与戴维·博特斯坦共同认识到DNA标记在研究复杂的人类性状和疾病方面的潜力。

本文作者
赖纳·贝蒂亚

在给定的DNA位置上，个体之间的序列存在差异。这些差异可能与性状有关，例如身高。

治疗前景 ◑

术语

计算建模 利用计算机模拟生物系统的行为。计算机模型有助于理解系统是如何构造的，也有助于测试系统受到干扰时会发生什么。利用应用数字、信息学、统计学和计算机科学的方法对大量生物学数据进行搜索、处理及分析，以提取有用的生物信息的学科被称为生物信息学。

CRISPR-Cas9 进行精准基因组编辑的最新技术。CRISPR（成簇的规律间隔的短回文重复序列）和Cas9组成的系统是在细菌中发现的，在细菌中，它作为一个原始免疫系统来保护遗传物质免受病毒的入侵。它能够准确识别DNA序列并对其进行剪切，为真核生物基因组的剪切、粘贴技术提供了一个强大的工具。

表达序列标签（EST） 互补DNA（cDNA）分子上的短序列，可用于鉴定基因转录本，将其用于量化和基因发现。它们在被表达的基因片段中相对较短。

种系 产生配子（用于有性生殖）的一类细胞的总称。生殖细胞经历减数分裂、细胞分化，产生成熟的配子（卵子或精子）。配子包含遗传信息，这些信息将传递给下一代。

诱导多能干细胞 正常成人细胞经过重编程产生的多能性干细胞。诱导多能干细胞可分化为不同类型的细胞。

慢病毒载体 经过修饰的病毒，输送用于基因治疗的基因。慢病毒载体是RNA病毒（例如艾滋病病毒），在结构被改变后，它们可以携带病毒感染患者细胞时传递的基因。

元基因组学 对从环境样本中获取的遗传物质进行研究的学科。DNA序列分析揭示了微观生命和微生物世界的潜在多样性。由于DNA测序技术成本的下降，元基因组学迅速发展。

核酸酶 用于切割DNA的酶。研究人员改变了这些天然酶的结构，以便它们能够针对特定的DNA序列进行基因组编辑。例如，锌指核酸酶使用一种特殊的蛋白质结构域来精准识别DNA序列。研究人员利用锌指核酸酶、转录激活因子样效应物核酸酶和CRISPR-Cas9技术来剪切、粘贴DNA序列并编辑基因组。

致癌性 诱发肿瘤的能力。诱发癌症的基因称为致癌基因。阻止肿瘤形成的基因称为肿瘤抑制基因。

卵母细胞 参与生殖的雌性配子（卵子）或雌性生殖细胞。在雌性配子形成过程中，卵母细胞在卵巢中产生。克隆实验中使用的"去核卵"指已被去除细胞核的卵母细胞。

多能 干细胞产生几种不同细胞类型的能力。多能干细胞可以产生构成身体的所有细胞类型。胚胎干细胞属于多能干细胞。

体细胞 构成生物体主体的生物细胞。人体内有200多种不同类型的体细胞，它们构成了所有不同的器官和组织。不同于生殖细胞和配子，体细胞包含的信息不会被传递给下一代。

干细胞 未分化的细胞，分化后将生成类型更特殊的细胞。胚胎干细胞可以生成胚胎中各种类型的细胞（它们是多能的），而成人干细胞通常只能生成特定组织的细胞。

转录激活因子样效应物核酸酶 切割特定DNA序列的酶。转录激活因子样效应物核酸酶由转录蛋白与核酸酶融合而成，故此得名。这种酶的结构被改变后，可以剪切任意DNA序列，因此已经成为基因组编辑的有力工具。

转基因生物 通过引入外源基因（转基因）或DNA而产生的动物或植物。转基因可以改变生物体的性状（表型）。转基因生物成了公众对安全问题进行辩论的重要话题来源。

病毒 只能在活细胞内增殖的小型传染因子。病毒可以感染所有类型的生命，包括动植物和细菌等。对病毒的研究称为病毒学。被称为病毒粒子的病毒颗粒带有遗传物质（DNA或RNA）和一层称为衣壳的保护层。大多数病毒很小，无法用普通光学显微镜观察到。

基因治疗

30秒探索基因密码

当研究人员意识到某些疾病是由单个基因突变引起的时，他们提出基因治疗可以用来纠正具有正常拷贝的问题基因，甚至还可以添加基因来改变特定细胞的特性。在大多数情况下，基因治疗使用载体（运载工具）将正常基因转移到靶细胞中。病毒是最有效的载体，因为它们能持续存在，并且通常能整合到宿主基因组中。实现有效而安全的基因治疗仍然存在障碍，包括难以确保基因材料的使用是安全的，以及基因可能不会引发机体的免疫应答或可能导致形成肿瘤。迄今为止，基因治疗已成功应用于治疗造血系统遗传病，包括严重的免疫缺陷和脑白质营养不良（leukodystrophy，影响大脑、脊髓和周围神经的遗传病）。针对血友病B（haemophilia B）和遗传性视网膜营养不良（会导致进行性失明）的基因治疗也有了进展。载体设计和生产的技术进步将推动未来的基因治疗的发展。在治疗癌症等更复杂的疾病方面，基因治疗正在不断完善。

3秒钟速览
基因治疗将遗传物质插入细胞，赋予细胞新的特性，纠正遗传病或增强细胞对癌症的防御能力。

3分钟思考
近来，研究人员开发了经过基因工程改造的核酸酶，它们可以在特定的位置剪切基因组，为精准干预基因组提供了新的可能性。这些分子机器很容易破坏基因或在特定位置添加DNA。通过这种策略，可以将突变的DNA替换为正常的DNA，以纠正遗传病，同时将基因保留在其生理环境中。

相关话题
另见
基因与免疫缺陷 第108页
个人基因组学及个性化医疗 第140页
基因组编辑 第152页

3秒钟人物
路易吉·纳尔迪尼
Luigi Naldini
1959—
意大利医生，开发了用于基因转移的慢病毒载体。

本文作者
阿兰·菲舍尔

病毒可以侵入细胞并将其DNA整合到宿主细胞的基因组中。这使得它们成了基因治疗的理想载体（或运载工具）。

个人基因组学及个性化医疗

30秒探索基因密码

3秒钟速览

个人基因组学和个性化医疗有望改善个人治疗，因为我们现在能够以合理的成本获得人类基因组序列。

3分钟思考

以可负担的成本获取个人基因组序列引发了众多伦理问题。在许多国家，为了避免潜在的基因歧视，基因组序列分析受到了严格的法律监管。获取自己的基因组序列也会给我们带来很大压力。某些时候，特定的DNA变异的确会影响我们的健康状况。但是，在大多数情况下，DNA变异只意味着潜在的风险。

人类基因组计划推动了DNA测序技术的兴起和发展，这种技术可以有效破译任意基因组序列。人类基因组测序的成本已经大幅下降，从20年前的数十亿美元下降到今天的1000美元。这一进展使我们有可能获得我们自己的基因组序列。我们生活在一个个人基因组学和量化自我的时代，无论我们喜欢与否，这都是不争的事实。基因组序列建立了我们和过去的联系，在某种程度上，它也联通了未来。我们的DNA携带着来自祖先的基因变异，向我们讲述了一些关于祖先起源的故事。而其他不是中性的变异，可能会对我们的健康产生影响。"解读"基因组可以让我们了解到我们来自何方，也可以让我们根据环境和其他基因变异的影响，揭示罹患疾病的风险。个人基因组学的实际应用之一是"个性化医疗"。直到最近，大多数药物处方的开具都建立在这些药物对每个人都有效的基础上。但是通过分析某个人的基因组序列，我们可以选择更合适他的治疗方法并对药物剂量做出调整，从而减少或避免产生不良反应与副作用。

相关话题

另见
人类基因组计划 第30页
基因检测 第122页
基因图谱 第124页

3秒钟人物

J. 克雷格 · 文特尔
J. Craig Venter
1946—
美国生物学家，在人类基因组测序之争中发挥了重要作用。

弗朗西斯 · 柯林斯
Francis Collins
1950—
美国遗传学家，人类基因组计划领导者。

本文作者

赖纳 · 贝蒂亚

了解个人基因组可以让医生为包括罹患癌症在内的一系列疾病的患者量身定制治疗方案。

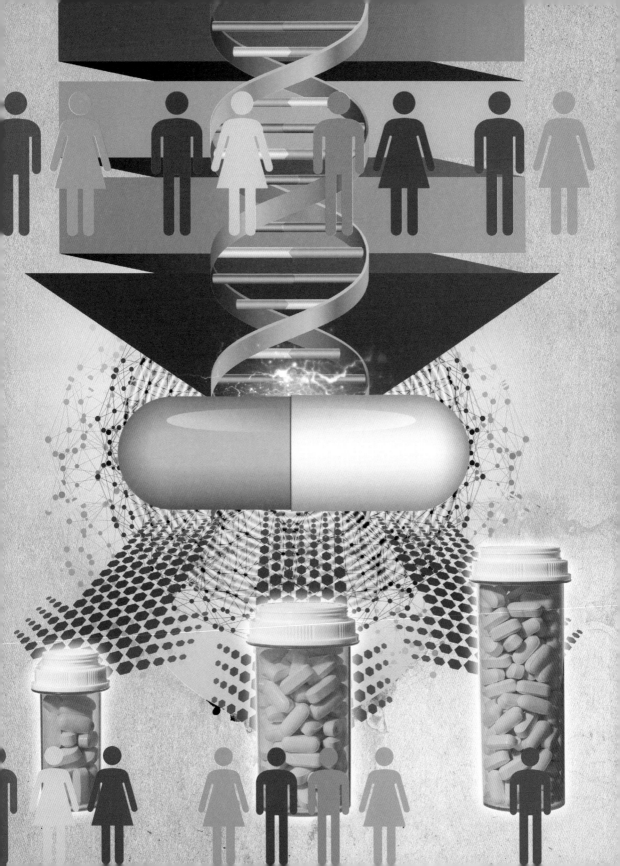

合成生物学

30秒探索基因密码

相关话题

另见

破译遗传密码 第24页

转基因生物 第146页

合成生物学是一个相对较新的领域，科学家对它有许多不同的定义。这些定义有一个基本的中心思想：将工程原理应用于细胞的组成部分，从而触发对输入的特定响应。生物技术的进步和对生物过程的计算建模使我们能够熟练使用现有的遗传或生化技术，或者开发人工技术。这些工程技术适用于分子、细胞、组织和生物体。例如，设计一种能够剪切特定序列DNA的酶可以被认为属于合成生物学的范畴。用非天然成分替换活生物体中的DNA或蛋白质成分也是如此。因对培养基中的化学物质做出反应而发光的细菌或能够杀死肿瘤细胞的细菌也是合成生物学的产物。遗传密码的普遍性让科学家得以设计新的DNA序列，从而赋予受体细胞新的属性，这就是关于合成生物学各种定义的共同的基本中心思想。这一新兴学科带来了希望——目前合成生物学可以为许多新的应用创造活的生物体，至少原则上如此。

3秒钟速览

合成生物学根据生物化学知识和自然生物的功能，对生物成分和系统进行合理设计。

3分钟思考

合成生物学的出现引发了伦理问题。人们担心，如果一个经过改造的分子或生物体从研究实验室逃逸，可能会对正常的活生物体的健康或环境造成威胁。拥有对活生物体及其组成部分的专利权是否遵循公平原则、是否正当合理，是人们担忧的另一个方面。

3秒钟人物

斯特凡·勒杜克

Stéphane Leduc

1853—1939

法国生物学家、化学家，1910年首次使用"合成生物学"一词。

乔治·丘奇

George Church

1954—

美国遗传学家，在个人基因组学和合成生物学领域发挥了重要作用。

本文作者

赖纳·贝蒂亚

合成生物学正被用于制造人工核酸，这可以帮助科学家回答有关生命起源的问题。

1946 年 10 月 14 日
出生于美国犹他州盐湖城
（Salt Lake City）

1972 年
获得加州大学圣迭戈分校
生物化学学士学位

1975 年
获得加州大学圣迭戈分校
生理学和药理学博士学位

1976 年至 1984 年
任教于纽约州立大学布法
罗分校

1984 年至 1992 年
在位于美国马里兰州贝
塞斯达的美国国立卫生
研究院国家神经疾病和
中风研究所（National
Institute of Neurological
Disorders and Stroke）
担任部门负责人

1992 年
成立基因组研究所

1995 年
首次对细菌基因组进行测
序

1998 年
成立塞莱拉基因组公司

2000 年 6 月 26 日
与美国国立卫生研究院的
弗朗西斯·柯林斯共同公
布人类基因组图谱

2001 年
发表人类基因组序列第一
稿

2002 年
出任 J. 克雷格·文特尔研
究所总裁，以及人类长寿
公司首席执行官

2010 年
将合成基因组导入细菌细
胞

J. 克雷格·文特尔

J. CRAIG VENTER

遗传学家J. 克雷格·文特尔是DNA测序技术的先驱，在对整个人类基因组进行测序时，他发挥了重要作用。20多年来，他频频跟遗传学界叫板，质疑已有的技术手段并推动技术创新。这为他赢得了"基因怪才"（Gene Maverick）的称号。

1946年，文特尔出生于美国犹他州盐湖城，后来就读于加州大学圣迭戈分校，1976年成为纽约州立大学布法罗分校助理教授。在那里，他的研究主要集中在与细胞信号有关的受体上。1984年至1992年，作为美国国立卫生研究院国家神经疾病和中风研究所的部门负责人，他开发了基因标记方法。

1992年，文特尔离开美国国立卫生研究院，成为非营利性基因组学研究机构——基因组研究所的创始人和董事会主席。1998年，文特尔加入阿普雷拉公司（Applera Corporation），成为新成立的塞莱拉基因组公司的总裁兼首席科学官，塞莱拉基因组公司专注于基因测序以及相关的医学和生物信息。塞莱拉的企业格言是"速度至上"（Speed Matters）。这些事件导致了塞莱拉和由弗朗西斯·柯林斯牵头的美国国立卫生研究院领导的人类基因组计划之间的测序竞赛。2001年，公共部门和私人部门同时公布了人类基因组序列的第一份草图。

文特尔的其他主要成就包括在1995年对第一个细菌基因组——流感嗜血杆菌（Haemophilus influenzae）和第一个活生物体的测序。文特尔早年在美国国立卫生研究院工作时，专注于研究代表人类基因组一小部分的被表达的基因，从而开创了标记基因的新方法。这些序列被称为"表达序列标签"，它们带来了大量的遗传学发现，并引发了有关这些新基因是否可以获得专利的法律问题。

文特尔和他的合作者还研究了环境DNA样本，创造了一个称为元基因组学的新领域。2010年，他的研究团队制造了一个合成DNA分子并将其转移到细菌细胞中，从而创造了第一个完全用合成DNA构建的能够自我复制的细菌细胞。

2007年和2008年，文特尔被《时代》杂志评为全球100位最具影响力的人物之一。2010年，《新政治家》（New Statesman）杂志将文特尔列为全球50位最具影响力的人物之一。他是美国国家科学院、美国艺术与科学院和美国微生物学会等著名科学组织的成员。

罗伯特·布鲁克

转基因生物

30秒探索基因密码

设想一下，一只老鼠发出一种奇异的绿光，就像水母或一种制造人类胰岛素的细菌那样。虽然这听起来像科幻小说，但实际上研究人员已经学会了如何交换基因信息以创造这些转基因生物。基因克隆和基因工程技术能够将基因材料从一个物种引入另一个物种，从而产生转基因细菌、动物或植物。如果接受了移植的生物体具有来自不同供体物种的遗传物质，它就被称为转基因生物。发出奇异绿光的老鼠是一种转基因生物：研究人员克隆了一种编码绿色荧光蛋白的基因（这种蛋白通常只在水母中表达）并创造了一种转基因老鼠，这种老鼠可以表达绿色荧光蛋白并像水母一样发出绿光。现今，许多具有重要经济意义的转基因生物出现在农业领域，包括转Bt基因抗虫玉米和转Bt基因棉花，它们携带了苏云金芽孢杆菌（Bacillus thuringiensis，Bt）的基因。这种基因会编码一种可以杀死玉米螟和其他昆虫的毒素。这些转Bt基因的植物品种自身会产生毒素，对多种毛虫和甲虫具有抗性。

3秒钟速览
转基因生物是指遗传物质已被基因工程技术改变的任何生物体。

3分钟思考
尽管转基因生物经过了严格的安全测试，但关于它们的争议仍相当多。转基因生物的优势包括能够获得更加健康的作物（对杀虫剂的需求更小）、营养价值更高的植物以及（用细菌）生产昂贵的药物（如人体胰岛素等）。转基因生物的缺点可能包括导致过敏以及将基因转移到其他生物体内而造成不良影响。

相关话题
另见
基因治疗 第138页
克隆 第148页
基因组编辑 第152页

3秒钟人物
赫伯特·博耶
Herbert Boyer
1936—
斯坦利·科恩
Stanley Cohen
1935—

前者是美国生物技术专家，后者是美国遗传学家。1973年，他们通过将一种细菌体内的抗生素抗性基因插入另一种细菌，使后者能够在存在抗生素的情况下生存，从而培育出第一种转基因生物。

鲁道夫·耶尼施
Rudolf Jaenisch
1942—
美国遗传学家，通过将外源DNA导入小鼠早期胚胎培育出转基因哺乳动物。

本文作者
罗伯特·布鲁克

尽管转基因生物引起了争议，但它们也可以带来很多好处。

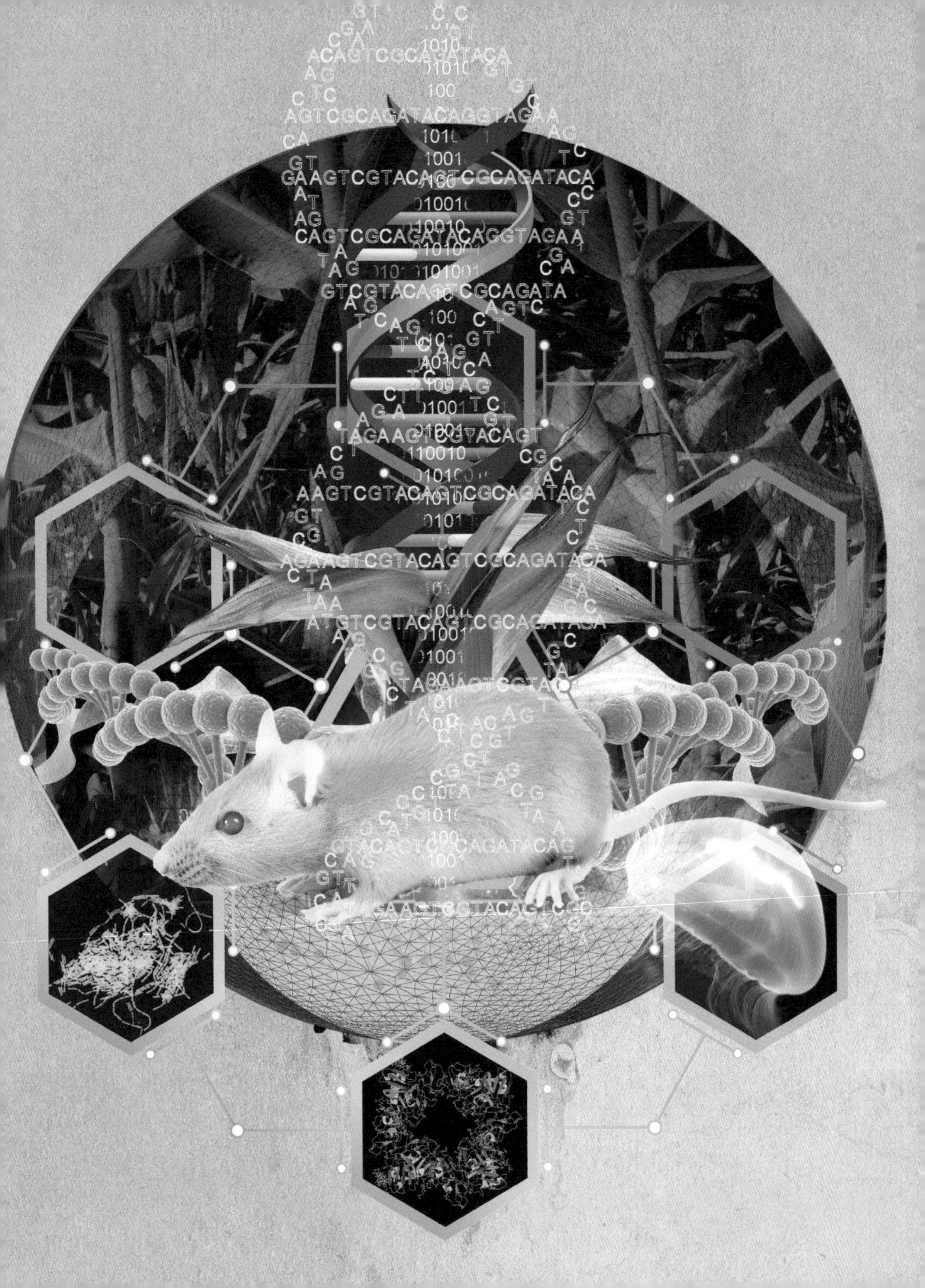

克隆

30秒探索基因密码

"克隆"一词的意思是将某样东西复制成很多份。在遗传学中，"基因克隆"一词指的是制作基因的分子拷贝。基因克隆可以通过一种称为聚合酶链反应的实验室技术（见第130页）进行，这种技术是通过DNA聚合酶实现复制的。另一种方法是将基因插入质粒（一种可以独立存在于细胞染色体之外的、能自我复制的环状DNA分子），然后将质粒插入活的宿主细胞，如细菌或酵母细胞。当宿主细胞因分裂而数量增加时，克隆基因也会产生许多拷贝。克隆也可以在整个细胞甚至整个生物体的层面上进行。同卵双胞胎是由同一受精卵发育而来的克隆体。这种克隆的发生是偶然的，受精卵分裂成两个彼此分离的细胞，它们各自发育成一个与对方具有相同遗传物质的个体。研究人员开发了在实验室中克隆整只哺乳动物的方法。他们从卵母细胞中取出DNA，然后将卵母细胞与待克隆个体的细胞融合。这一过程被称为生殖性克隆，第一只进行了生殖性克隆的哺乳动物是名叫多莉（Dolly）的绵羊。

自多莉之后，包括猪、马和鹿在内的其他哺乳动物也被克隆了出来。

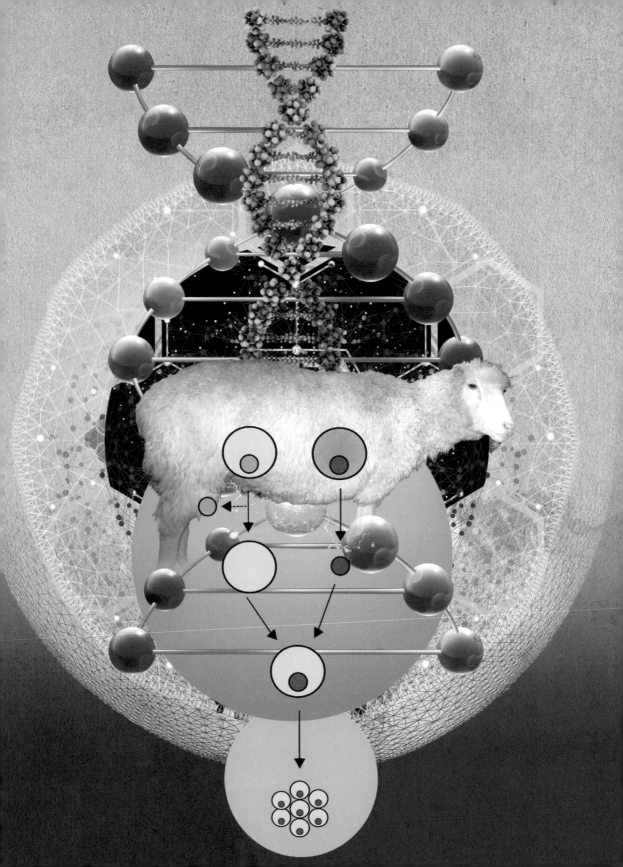

干细胞和重编程

30秒探索基因密码

所有生物体都有专门的干细胞，这些干细胞能够制造许多不同类型的细胞。当细胞凋亡或需要替换时，干细胞会补充器官中的细胞。例如，我们肠道中的大部分细胞每隔几天就会丢失并被替换。但是，我们身体中的任何细胞都能转变成另一种细胞吗？或者说，细胞是不是只能被编程为某一种类型？研究人员惊奇地发现，我们身体中几乎所有的细胞都能转变成其他任意一种细胞，更惊人的是，它们还能被重编程。20世纪50年代和60年代的研究表明，细胞核重编程可以通过将细胞核转移到细胞核被移除的未受精的卵子中来实现。事实上，这些"克隆"卵甚至可以发育成胚胎，有时甚至可以发育成完全成熟的成人。2006年，科学家发现了细胞重编程的特殊条件。他们识别出一种仅由4种蛋白质组成的混合物，当将其导入细胞时，可以产生"诱导多能干细胞"。这些干细胞具有巨大的潜力，因为它们可以在培养皿中分化，产生多种类型的细胞和组织。这些诱导多能干细胞被用来研究发育过程，模拟人类疾病，并为再生医学和组织治疗生产细胞和器官。

3秒钟速览
干细胞研究旨在利用生物体内的一切细胞来重新制造具有专门用途的器官并再生新的组织，从而使受到衰老或疾病影响的身体机能得以恢复。

3分钟思考
干细胞实验得出的最重要结论之一是，基因组在几乎每个个体细胞中都完整存在，而不仅仅是在通常将其传递给下一代的种系中。然而，真正引起公众注意的是，诱导多能干细胞和成人干细胞是潜在的"长生不老药"，我们可以用它们来替代因年老而受损或遭受疾病破坏的组织。

相关话题
另见
发育遗传学 第100页
克隆 第148页

3秒钟人物
约翰·格登
John Gurdon
1933—
英国生物学家，证明分化的肠细胞的细胞核在被重新导入去核的卵子后可以生成所有类型的细胞。

山中伸弥
Shinya Yamanaka
1962—
日本干细胞研究者、诺贝尔奖得主，在将4种重编程因子引入小鼠成纤维细胞后，培育出了"诱导多能干细胞"。

本文作者
伊迪丝·赫德

干细胞研究或许可以为疾病和重伤带来充满希望的新疗法。

基因组编辑

30秒探索基因密码

使用被改造过的酶编辑基因组是一种新技术，有望改进遗传学研究和遗传病的治疗。它使用分子工具在目标位点修改基因组。这是通过创建一种称为"核酸酶"的位点特异性酶来实现的，这些酶在DNA片段的特定序列上造成DNA断裂，其中包括靶向锌指核酸酶和转录激活因子样效应物核酸酶。这种技术将非特异性DNA切割酶与识别特定DNA序列的蛋白质连接起来。另一种技术基于微生物CRISPR-Cas9系统：将经过RNA编程的靶向核酸酶用于编辑特定的DNA序列。所有这些技术都会在基因组中的某个特定位点进行特定的DNA双链断裂。一旦基因组被破坏，修复酶可以在断裂点或其附近破坏或替换DNA序列。这些以有针对性的方式修改单个细胞甚至整个生物体的DNA序列的技术，使得研究能够评估这种变化对表型的影响。靶向核酸酶也有助于遗传病的基因治疗，其目标是用相同自然位置的正常等位基因替换缺陷基因，从而纠正基因突变。

相关话题

另见

基因治疗 138页

合成生物学 第142页

3秒钟速览

基因组编辑是一项革命性技术，因为它可以通过将修饰酶定位于特定的DNA序列来改变基因组结构。

3分钟思考

研究人员现在能够以前所未有的精度剪切、粘贴基因材料。针对基因组中特定DNA序列的酶可以用作"分子剪刀"，从而产生位点特异性断裂。这些断裂使得插入或删除可以使基因失活的基因组序列成为可能。当然也有另一种方法，即通过提供新的DNA，靶向修饰内源基因。

3秒钟人物

埃玛纽埃勒·沙尔庞捷
Emmanuelle Charpentier
1968—

珍妮弗·道德纳
Jennifer Doudna
1964—

沙尔庞捷为法国微生物学家，道德纳为美国化学家，他们2012年对CRISPR系统进行了改造，以利用能够指导Cas9酶合成的指导RNA。

张锋
Feng Zhang
1982—

出生于中国的生物医学科学家，2013年利用CRISPR-Cas9系统在真核细胞中编辑基因组。

本文作者

马修·韦茨曼

通过使用被改造过的酶来编辑基因组是一项激动人心的新技术，可能会带来巨大的医学进步。

附录

参考资源

书籍

A Life Decoded: My Genome: My Life
J. Craig Venter
（Penguin Books, 2008）

A Monk and Two Peas: The Story of Gregor Mendel and the Discovery of Genetics
Robin Marantz Henig
（Weidenfield & Nicolson, 2000）

Chance and Necessity: An Essay on the National Philosophy of Modern Biology
Jacques Monod
（Fontana, 1974）

Creation: The Origin of Life / The Future of Life
Adam Rutherford
（Penguin Books, 2014）

Epigenetics: How Environment Shapes Our Genes
Richard C. Francis
（W. W. Norton & Company, 2012）

Francis Crick: Discoverer of the Genetic Code
Matt Ridley
（Harper Press, 2006）

Genetics: Analysis and Principles
Robert R. Brooker
（McGraw-Hill Education; 6th edn, 2016）

Genetic Analysis: An Integrated Approach
Mark F. Sanders and John L. Bowman
（Pearson; 2nd edn, 2015）

Here Is a Human Being: At the Dawn of Personal Genomics
Misha Angrist
（Harper Perennial, 2011）

Nature Via Nurture: Genes, Experience and What Makes Us Human
Matt Ridley
（Harper Perennial; new edn, 2004）

On the Origin of Species
Charles Darwin
（Oxford University Press; rev. edn, 2008）

Redesigning Humans: Choosing Our Genes, Changing Our Future
Gregory Stock
（Houghton Mifflin, 2003）

Rosalind Franklin: The Dark Lady of DNA
Brenda Maddox
（Harper Collins; new edn, 2003）

The Double Helix: A Personal Account of

the Discovery of the Structure of DNA
James Watson
（Penguin Books; 2nd rev. edn, 1999）

The Eighth Day of Creation: The Makers
of the Revolution in Biology
Horace Freeland Judson
（Cold Spring Harbor Press, 1979）

The Epigenetics Revolution
Nessa Carey
（Icon Books, 2012）

The Gene: An Intimate History
Siddhartha Mukherjee
（Scribner Book Company, 2016）

The Language of Life: DNA and the
Revolution in Personalized Medicine
Francis S. Collins
（Harper, 2010）

The Panda's Thumb: More Reflections in
Natural History
Stephen Jay Gould
（W. W. Norton & Company, 1980）

The Selfish Gene
Richard Dawkins
（Oxford University Press, 1976）

The Triple Helix: Gene, Organism, and

Environment
Richard Lewontin
（Harvard University Press, 2002）

网站

GeneEd
提供遗传学与生物技术的最新资讯，向学生、
教育工作者及感兴趣的公民免费开放。

Cold Spring Harbor Laboratory
遗传学启蒙网站，涵盖了定义现代遗传学的75
项实验，用动画、访谈等形式加以呈现。

Learn.Genetics
提供各种各样的遗传学理论、活动以及实验，
所有对遗传学感兴趣的人都可以免费获取。

National Human Genome Research
Institute
美国国家人类基因组研究所的网站，该研究所
曾参与人类基因组计划。

Ensembl
了解脊椎动物基因组的网站，支持比较基因组
学研究，提供研究基因组进化、变异和调控的
工具。

National Center for Biotechnology
Information
在线人类孟德尔遗传数据库，提供关于人类基
因及遗传病的信息。

编者简介

主编

乔纳森·韦茨曼 巴黎狄德罗大学遗传学教授，表观遗传学和细胞命运中心创始人。乔纳森曾为很多年龄段的学生讲授过遗传学、表观遗传学和干细胞生物学课程，并担任欧洲遗传学硕士项目学科带头人。他的研究重点是了解基因调控网络和表观遗传学对疾病治疗的作用。

马修·韦茨曼 宾夕法尼亚大学佩雷尔曼医学院教授，费城儿童医院相关实验室负责人。马修有着病毒学和分子生物学双重背景，他专门从事病毒感染和基因组完整性交叉学科研究。他曾应邀在世界各地演讲，并组织了许多关于病毒、基因组完整性和基因治疗的学术会议。

前言

罗德尼·罗思坦 哥伦比亚大学医学中心教授。他以研究DNA双链断裂修复和编辑基因组的方法而闻名。他获得的荣誉包括美国遗传学学会诺维茨基奖、瑞典乌梅大学荣誉医学博士，并当选美国艺术与科学院和美国国家科学院院士。

参编

托马·布尔热龙 巴黎狄德罗大学教授，现为法国巴斯德研究所研究团队负责人，该团队汇集了精神病学家、神经生物学家和遗传学家，他们共同研究社会神经科学。他的主要发现之一是确定了与自闭症相关的突触通路。

罗伯特·布鲁克 耶鲁大学遗传学博士。他曾在哈佛大学研究乳糖通透酶；后继续在明尼苏达大学从事基因转运研究工作，现为该校遗传学、细胞生物学和发育学系教授。他曾主编多本遗传学本科教材。

维尔日妮·库尔捷-奥尔格格索 现为巴黎雅克·莫诺研究所生物学研究员。她的团队专门研究导致物种差异的突变，以更好地了解人类的进化、过去和未来。她获得了法国国家科学研究中心铜质奖章，并当选为2014年度法国"年轻女科学家"。

阿兰·菲舍尔 巴黎法兰西公学院教授、影像研究所创始人。他是遗传学和免疫学专家，尤其精通原发性免疫缺陷病和基因治疗。

伊迪丝·赫德 英国遗传学家，致力于研究X染色体失活，长期以来一直对表观遗传学、细胞核结构和染色体结构感兴趣。她是巴黎居里研究所遗传学和发育生物学部负责人，法兰西公学院表观遗传学和细胞记忆教授。

马克·桑德斯 从1985年起就职于加州大学戴维斯分校分子和细胞生物学系，一直专注于遗传学教学。他也曾在剑桥大学和维也纳大学教授遗传学。

赖纳·贝蒂亚 巴黎狄德罗大学遗传学教授。他的研究重点主要是女性不育和卵巢恶性肿瘤的遗传机制。他还积极探索遗传优势的分子和理论基础，现为《临床遗传学》杂志主编，也是非政府组织"欧洲科学院"成员。

致谢

乔纳森·韦茨曼和马修·韦茨曼将本书献给克莱尔-齐波拉（Claire-Cipora）和沙伦（Sharon），二人的遗传学研究离不开她们的帮助。

图片出处说明

感谢以下个人和机构允许在本书中重印其所拥有的图片。出版社已尽力确认所有图片的出处，若有不慎遗漏之处，我们深表歉意。

Alamy/evan Hurd: 144.
Getty/Bettmann / Contributor: 44, 66; Universal History Archive / Contributor: 26.
Science Photo Library/AMERICAN PHILOSOPHICAL SOCIETY: 90; HENNING DALHOFF: 39; GUNILLA ELAM: 87C; MARTIN KRZYWINSKI: Cover; US NATIONAL LIBRARY OF MEDICINE: 128.
Shutterstock/3drenderings: 103; 895Studio: 63T（BG）; AbstractUniverse: 85BL, 85B; Aedka Studio: 81CL; Ahturner:123CL; Alexilusmedical: 101B, 113B, 151CR; Alila Medical Media: 31C（BG）; Anteromite: 2C, 121C; Aperture75: 79TC（BG）; art_of_sun: 71C; Artos: 141T; Astronoman: 11C, 153C; ber1a: 71BG; Pedro Bernardo: 119BL; Bildagentur Zoonar GmbH: 71BL; BlueRingMedia: 23C; Evgenii Bobrov: 43T; gualtiero boffi: 103C; Olga Bogatyrenko: 57BC; Yevgeniya Bondarenko: 57TR; BortN66: 71BL（BG）; Amanda Carden: 71TL（BG）, 79TC; Catalinr: 127BG; Pavel Chagochkin: 99L&R, 111TC; Efstathios Chatzistathis: 147BR; Cherezoff: 143B（BG）; Chromatos: 29T（BG）; Cico: 11C, 153C; Crevis: 41BC; crystal light: 99C; Linn Currie: 85C; Dabarti CGI: 139BR; Damix: 79L; decade3d – anatomy online: 105TL; design36: 151B; Designua: 29C, 51BG, 91BL, 91B; Jeanette Dietl: 93BL; DVARG: 71BL; Dzxy: Cover; Ellepigrafica: 49, 61T; Everett Historical: 19T; extender_01: 109C; Ezume Images: 93B; Flukestockr: 131CL&CR; Fusebulb: 113T; Filip Fuxa: 91T; Markus Gann: 103CL; Gen Epic Solutions: 2C, 121C, 149T; Ruslan Grumble: 143L; harmpeti: 123R; Robert Adrian Hillman: 125T（BG）; Jari Hindstroem: 81CR; HoleInTheBox: 79TR; Ibreakstock: 61B; Jezper: 49B（BG）; Joloei: 79R; Kasezo: 73BR; Sebastian Kaulitzki: 105TL, 109TR, 111TL, 111TR, 151TR; Melissa King: 93BR; Kateryna Kon: 42C, 49C, 56, 98, 109TL, 113C, 151C; Artem Kovalenco: 133C; KonstantinChristian: 123TL; kontur-vid: 147C; koya979: 47C, 93T; KRAHOVNET: 43BG; Le Do: 59T; Lecter: 127C; Leone_V: 29C; Lightspring: 147C; Login: 73L; Lukiyanova Natalia frenta: 85T, 93C; M-vector: 141B&T; Magic mine: 103T; MaluStudio: 17CL&CR; Martan: 151L; Maslenok: 141C; Master3D: 73C;

Maxcreatnz: 41C（BG）; Maxx-Studio: 143C; Jane McIlroy: 17; Meletios: 61C, 105CL; Mirexon: 143BG; Mix3r: 141C; molekuul_be: 21TR, 21TL, 21BL, 21BR, 57B, 87C, 91CR; Monika7: 17BG, 29B（BG）; Monkey Business Images: 63C; Mopic: 37C, 42C, 56, 98, 101C; Darlene Munro: 69B; Naeblys: 51C, 73T; Romanova Natali: 111B; Natykach Nataliia: 149C（BG）; Anton Nalivayko: 41C; Nicemonkey: 2BG, 121BG; Nobeastsofierce: 139, 151TL, 151TCL, 151TCR; Ostill: 71TL; Parinya: 73L; Heiti Paves: 119TR; Petarg: 11C（BG）, 153C（BG）; Phonlamai Photo: 99; Pixel 4 Images: 57T（BG）; Pixelparticle: 39 （BG）; Plan-B: 61T（BG）, 139T; Pockygallery: 81BG; Raimundo79: 83T, 127BR, 127BL, 127BCR, 127BCL; Rawpixel.com: 133C; Rost9: 151BC; royaltystockphoto. com: 111TC（BG）; sam100: 2C（BG）, 121C（BG）; science photo: 131T; sciencepics: 87B, 73TC, 151R; CHORNYI SERHII: 133BG; Tatiana Shepeleva: 71BR; David Smart: 141B（BG）; Smith1972: 69T; Snapgalleria: 141CT（BG）; somersault1824: 37C, 49C（BG）, 71TR; Mari Swanepoel: 103BL; Syda Productions: 123BL; T-flex: 131BG; Timquo: 99L; Toeytoey: 109B; Urfin: 73Cr, 143C; VAlex: 139BG; Merkushev Vasiliy: 143L; Vector Tradition: 31C; Vikpit: 127C（BG）, 141BG, 149C（BG）; Vitstudio: 31C; VLADGRIN: 31C（BG）, 71C; Vshivkova: 37TL; Wacomka: 151BC;

WhiteDragon: 131C; Wstockstudio: 79BR; Kira_Yan: 17（BG）; Yaruna: 29B; Oleksandr Yuhlchek: 125CT&CB; Oleksandr Zamuruiev: 57TL.

Smithsonian Institution Archives/ Acc. 90-105 - Science Service, Records, 1920s-1970s, Smithsonian Institution Archives: 59C（BG）.

U.S. National Library of Medicine: 81TL, 125L&R; Alan Mason Chesney Medical Archives. Victor Almon McKusick Collection: 105BL.

Wellcome Library, London/21BR（BG）, 23, 63BG, 105CR.

Wikimedia Commons/ Sandra Beleza et al.: 63B（BG）; Belkorin, Wikibob, Quelle: Zeichner: Schorschski / Dr. Jürgen Groth: 149B; Christoph Bock（Max Planck Institute for Informatics）: 83C; Dietzel65: 37BG; Filip em: 81TL; Don Hamerman - Institute for Genomic Biology, University of Illinois at Urbana-Champaign: 91; Darryl Leja, National Human Genome Research Institute: 63B; Myriam Létourneau: 63T; Madprime: 25TR, 65TR; Miguel Andrade: 65C; Musée d'histoire naturelle de Lille: 69L; National Human Genome Research Institute: 23CL; Padawane: 69R; Guillaume Paumier: 65CL&BR; RaihaT: 57B; Doc. RNDr. Josef Reischig, CSc.: 123TR; C. Rottensteiner - TiGen: 41T; Dr. Sahay: 147BL; Katja Schulz from Washington, D. C., USA: 119TL; Jawahar Swaminathan and MSD staff at the European Bioinformatics Institute: 147BC; TimVickers: 149C.